Die Geometrie der Gleichstrommaschine

Von

Otto Grotrian

Mit 102 Textfiguren

Springer-Verlag Berlin Heidelberg GmbH
1917

ISBN 978-3-662-42263-2   ISBN 978-3-662-42532-9 (eBook)
DOI 10.1007/978-3-662-42532-9

Vorwort.

Jeder, der mit elektrischen Gleichsstrommaschinen zu tun hat
seien es Stromerzeuger oder Motoren, sollte dauernd ein vollständiges
Bild der verschiedenen Abhängigkeitsverhältnisse im Gedächtnis haben,
welche zwischen den Größen bestehen, durch die das Verhalten dieser
Maschinen dargestellt wird. Bei der großen Zahl von Beziehungen,
die allgemein in Frage kommen können, wird es nicht jedem möglich sein, ein derartiges Bild in seinem ganzen Umfange im Sinne
zu behalten. Versagt das Gedächtnis in einem bestimmten Falle und
will man sich, ohne ein Lehrbuch nachzuschlagen, das Bild ver-
schaffen, so kann dieses analytisch mittels der Formeln geschehen,
die für Gleichstrommaschinen aufgestellt sind. Dieselben bedeuten
teils den exakten Ausdruck von Naturgesetzen, in einem nicht
unwesentlichen Teil nur Näherungsformeln. Andererseits ist ein für
viele bequemerer Weg durch die geometrische Konstruktion gegeben.
Sie besitzt den Vorzug, die unmittelbarste Anschauung des Gesuchten
zu geben.

Verfasser hat im vorliegenden kleinen Buche eine Anzahl derartiger Konstruktionen zusammengestellt, die in Lehrbüchern, wie es
der Zweck solcher mit sich bringt, an den verschiedensten Stellen
verstreut sind. Außer den bekannten Ableitungsmethoden der charakteristischen Kurven glaubt Verfasser auch solche mitgeteilt zu haben,
die, wenn sie auch prinzipiell keine besonderen Schwierigkeiten dar-
bieten, zurzeit in der Literatur nicht angeführt sind. Der Verlauf
der Kurven ist dabei möglichst in deren ganzer Ausdehnung, also
im allgemeinen auch über die Grenzen des praktischen Betriebes hin-
aus dargestellt. Es ist in allen Fällen versucht, die Konstruktion,
für welche verschiedene Wege offenstehen können, einfach und über-
sichtlich zu gestalten, auch das Übertragen einer Länge von einer
zu einer anderen Stelle mittels Zirkels oder Maßstabs tunlichst zu
beschränken, vielmehr die gesuchten Punkte unmittelbar durch Linien-
schnitte darzustellen.

Ausdrücklich sei bemerkt, daß es sich bei den folgenden Darstellungen in erster Linie um den allgemeinen Charakter des Kurven-

verlaufs und um dessen geometrisch-konstruktive Motivierung handelt. Zahlenmäßig richtige Werte können natürlich auch der Zeichnung entnommen werden, falls die Kurve, aus welcher die anderen abzuleiten sind, maßstäblich richtig dargestellt ist.

Wenn die Figuren gelegentlich Zahlenwerte aufweisen, die vom rein praktischen Standpunkte aus beanstandet werden können, so mag das erklärlich und entschuldbar erscheinen durch das Bestreben, bei den kleinen Flächendimensionen einer Druckseite ein tunlichst übersichtliches Bild zur Anschauung zu bringen. Die Darstellung des Spannungsabfalls im Anker z. B. würde bei Zeichnung der entsprechenden Länge, wenn diese im Vergleich zu den sonstigen Längen richtig eingetragen wird, in vielen Fällen zu so kleinen Abmessungen führen, daß die Deutlichkeit der Zeichnung darunter leiden müßte. Bekanntlich tritt auch bei Zeichnung eines Vektordiagramms gelegentlich eine gleichartige Schwierigkeit auf. Jede Beanstandung hätte sich allerdings leicht durch Fortlassen aller Zahlen vermeiden lassen. Das hätte indessen die Betrachtungen erschwert, die anzustellen sind, um bei verschiedenen Maßstäben für die in einer Figur durch Längen dargestellten Größen richtig zu konstruieren.

Das Buch ist zunächst für Studierende geschrieben. Sollten auch weitere Kreise daran Interesse finden, so würde das dem Verfasser zur besonderen Befriedigung gereichen. Es mag das der Zukunft überlassen bleiben.

Aachen, im Oktober 1916.

Otto Grotrian.

Inhalt.

I. Die elementaren Rechenoperationen in geometrischer Darstellung.

Da die elementaren Rechenoperationen in geometrischer Darstellung bei der Ableitung der verschiedenen charakteristischen Kurven später Anwendung finden, mag zunächst einiges darüber mitgeteilt werden.

Es seien zwei oder mehrere gerade Linien gegeben, welche Zahlen darstellen. Aus letzteren ist durch eine elementare Rechenoperation eine neue Zahl abzuleiten. Die Zahlenrechnung soll durch eine geometrische Konstruktion ersetzt werden. Es wird verlangt, daß das Endergebnis der letzteren wieder eine Länge ist, welche graphisch dasjenige der Zahlenrechnung darstellt.

Die betreffenden Methoden mögen im folgenden kurz besprochen werden, wobei Addition und Subtraktion ihrer Selbstverständlichkeit halber übergangen werden.

1. Multiplikation. In dem Koordinatensystem XOY der Fig. 1 seien die zu der gleichen Abszisse Ok gehörenden Ordinatenwerte $km = a$ und $kn = b$ miteinander zu multiplizieren. Es stellen dabei a und b die Zahlen dar, welche den Längen der Strecken km und kn entsprechen, und beide mögen durch dieselbe Längeneinheit gemessen sein. Das Produkt $y = a \cdot b$ soll durch eine neue, ebenfalls zu Ok gehörende Ordinate, dargestellt werden.

Es sei ff eine Parallele zur Abszissenachse im Abstande $Of = 1$ von dieser. Man zieht die Linie Om, welche ff im Punkte q schneidet, und legt durch letzteren parallel OY die Gerade rqs. Projiziert man auf diese in s den Punkt n, verbindet O mit s und verlängert Os bis zum Schnittpunkt p mit der durch k gelegten Ordinate, dann ist

$$kp = y = a \cdot b.$$

Denn

$$\frac{kp}{rs} = \frac{km}{qr} \qquad \frac{kp}{b} = \frac{a}{1}$$

$$kp = a \cdot b = y.$$

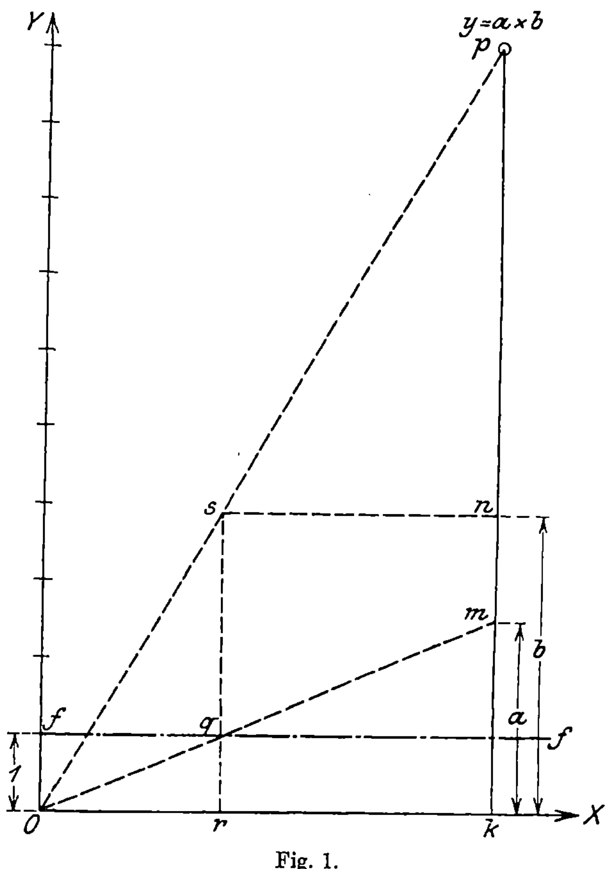

Fig. 1.

Die für die Strecke kp geltende Längeneinheit ist, damit kp die Zahl y darstellt, dieselbe wie diejenige für km und kn.

Es ist häufig erwünscht, namentlich bei vielen Wertepaaren a und b, wie sie bei Kurven vorkommen, y im Interesse einer anschaulichen Zeichnung von zweckmäßiger Ausdehnung in anderem Maß als a und b darzustellen. In diesem Falle kann, wie folgt, verfahren werden.

Angenommen es seien km und kn in cm gemessen, so daß km (cm) $= a$, kn (cm) $= b$ ist, dagegen sei ϱ (cm) die Maßeinheit für die resultierende Strecke. Dann muß diese in cm gemessen und durch ϱ geteilt $a \cdot b = y$ liefern. In diesem Falle wird die Gerade ff in den Abstand $^1/_\varrho$ cm von OX gelegt, s. Fig. 2, und die Konstruktion wie vorhin ausgeführt. Die hier resultierende Strecke kp bestimmt sich durch die Beziehung

$$\frac{kp\,(\mathrm{cm})}{rs\,(\mathrm{cm})} = \frac{km\,(\mathrm{cm})}{qr\,(\mathrm{cm})}.$$

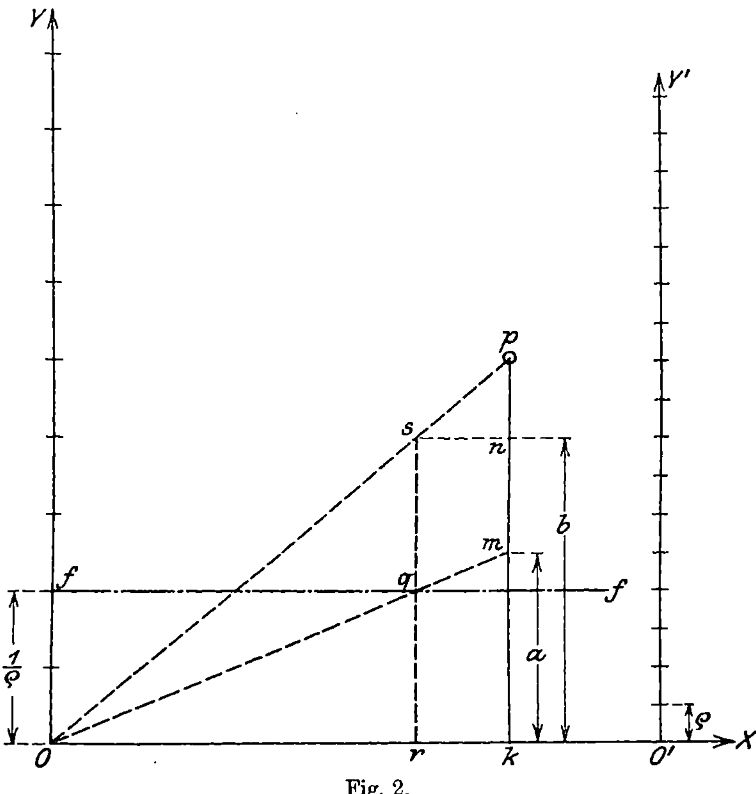

Fig. 2.

Hieraus folgt

$$kp\,(\mathrm{cm}) = \frac{km\,(\mathrm{cm}) \cdot rs\,(\mathrm{cm})}{qr\,(\mathrm{cm})} = a \cdot b \cdot \varrho\,(\mathrm{cm}) = y \cdot \varrho\,(\mathrm{cm})$$

oder
$$\frac{kp\,(\mathrm{cm})}{\varrho\,(\mathrm{cm})} = a \cdot b = y.$$

Letztere Beziehung besagt, daß für kp als Maßeinheit ϱ genommen werden muß, damit die durch kp gemessene Länge den Wert $a \cdot b = y$ darstellt.

In der Zeichnung wird man daher zweckmäßig einen etwa auf $O'Y'$ abgetragenen Maßstab anbringen, dessen mit Zahlen versehene Teilung als Maßeinheit ϱ cm besitzt, während auf OY eine cm - Teilung für km und kn zur Darstellung der Zahlen a und b abzutragen ist. Im vorliegenden Falle ist $\varrho = 0{,}5$ cm angenommen.

Sind die Längeneinheiten für km und kn verschieden, etwa ϱ_1 (cm) für km, ϱ_2 (cm) für kn und ist wieder ϱ (cm) die Einheit für kp, wie das in Fig. 3 in den durch O, O_1 und O' gelegten Skalen zum Ausdruck gebracht ist, dann findet man den Abstand qr der Geraden ff von der Achse OX, wie folgt.

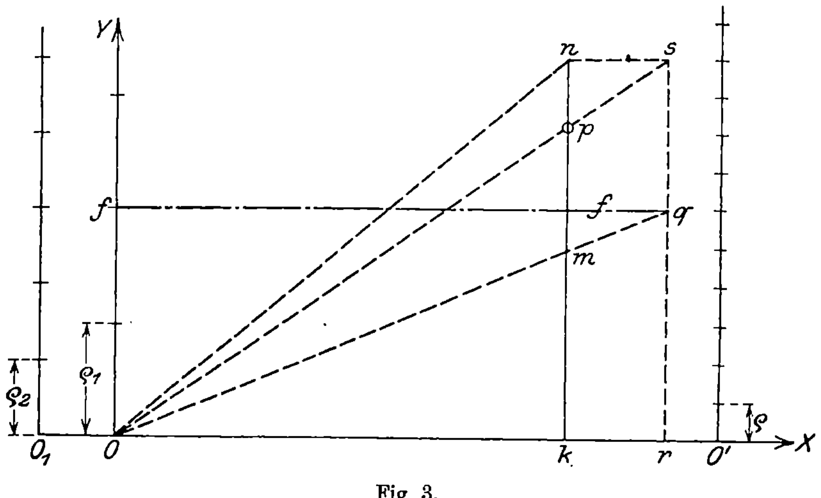

Fig. 3.

Für die entsprechend Fig. 2 ausgeführte Konstruktion gilt wie oben

$$kp\,(\mathrm{cm}) = \frac{km\,(\mathrm{cm}) \cdot rs\,(\mathrm{cm})}{qr\,(\mathrm{cm})}$$

somit

$$kp\,(\mathrm{cm}) = \frac{a \cdot \varrho_1 \cdot b \cdot \varrho_2}{qr\,(\mathrm{cm})}.$$

Andererseits soll sein

$$\frac{kp\,(\mathrm{cm})}{\varrho\,(\mathrm{cm})} = a \cdot b = y.$$

Folglich ist

$$kp\,(\mathrm{cm}) = a \cdot b \cdot \varrho = \frac{a \cdot \varrho_1 \cdot b \cdot \varrho_2}{qr\,(\mathrm{cm})}$$

$$qr\,(\mathrm{cm}) = \frac{\varrho_1 \cdot \varrho_2}{\varrho} \quad \ldots \ldots \ldots \ldots \quad (1)$$

In der Figur ist $\varrho_1 = 1{,}5$ cm, $\varrho_2 = 1{,}0$ cm, $\varrho = 0{,}5$ cm angenommen. Dem entspricht $qr = 3{,}0$ cm.

Es ist in den bisher besprochenen Fällen nicht nötig, den Punkt O, der als Anfangspunkt der Koordinaten angesehen wurde, zum Ausgangspunkt der Strahlen Om, On und Op zu wählen. Jeder beliebige Punkt auf der OX-Achse oder deren Verlängerung kann dazu benutzt werden. Diese Bemerkung erfolgt zunächst deshalb, weil für den Fall, daß km und kn mit OY zusammenfallen, die Konstruktion versagt. Hier würde statt O ein anderer Punkt zu verwenden sein. Es empfiehlt sich dieses im Interesse einer möglichst übersichtlichen Zeichnung auch dann, wenn m und n Punkte von zwei Kurven darstellen, aus denen unter Benutzung verschiedener Punktepaare eine neue Kurve abgeleitet werden soll, und die vom Koordinatenanfang ausgezogenen Strahlen die Kurven unter kleinen Winkel treffen. Erforderlichenfalls können für die bei Kurven in Frage kommenden einzelnen Punktepaare m und n verschiedene Ausgangspunkte der Strahlen gewählt werden.

Sind die zu multiplizierenden Zahlen diejenigen für zusammengehörige Abszissen und Ordinaten, z. B. $Om\,(\text{cm}) = a$ und $mn\,(\text{cm}) = b$, s. Fig. 4, dann ziehe man, um y als Ordinate zu erhalten, die Gerade ff im Abstande 1 cm parallel OY. Man projiziert dann n in q auf ff, zieht Oq und verlängert letztere Strecke bis zum Schnittpunkt p mit der verlängerten Linie mn.

Es ist dann $\quad mp = y = a \cdot b$.

Denn $\qquad \dfrac{mp}{fq} = \dfrac{Om}{Of}$

oder $\qquad \dfrac{mp}{b} = \dfrac{a}{1}$

$$mp = a \cdot b.$$

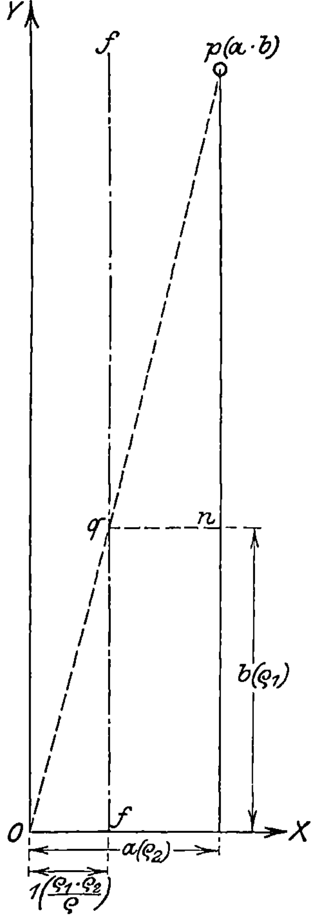

Fig. 4.

Sind, wie angenommen wurde, die Maßstäbe für Abszissen und Ordinate gleich, dann gilt der nämliche Maßstab auch für mp.

Sind die Maßstäbe für die Strecken, welche die beiden Faktoren und ihr Produkt darstellen, ungleich, dann ist zu ermitteln, in welchem Abstande von OY die Gerade ff zu ziehen ist. Es sei ϱ_1 cm die Maßeinheit für mn, für Om gleich ϱ_2 cm und ϱ cm für mp, d. h.

$$mn\,(\text{cm}) = b \cdot \varrho_1$$
$$Om\,(\text{cm}) = a \cdot \varrho_2$$
$$mp\,(\text{cm}) = a \cdot b \cdot \varrho = y \cdot \varrho.$$

Aus der Gleichung

$$m\,p\,(\text{cm}) = \frac{O\,m\,(\text{cm}) \cdot m\,n\,(\text{cm})}{O\,f\,(\text{cm})}\cdot$$

folgt dann

$$a \cdot b \cdot \varrho = \frac{a \cdot \varrho_2 \cdot b \cdot \varrho_1}{O\,f\,(\text{cm})}$$

$$O\,f\,(\text{cm}) = \frac{\varrho_1 \cdot \varrho_2}{\varrho} \quad . \quad . \quad . \quad . \quad . \quad . \quad . \quad (1\text{a})$$

Für den Spezialfall $\varrho_1 = \varrho_2 = \varrho = 1$ cm folgt, wie anfangs angenommen wurde, $Of = 1$ cm.

Die im Bisherigen mit ff bezeichnete Gerade, die einer der Koordinatachsen in bestimmtem Abstande parallel zu ziehen ist, bildet ein wesentliches Element der Konstruktion auch in den folgenden Fällen. Da ihr Abstand von der betreffenden Achse mit den Maßeinheiten der dargestellten Strecken in bestimmtem Zusammenhang steht, mag die betreffende Parallele als „Maßstabsgerade" oder „Maßgerade" bezeichnet werden.

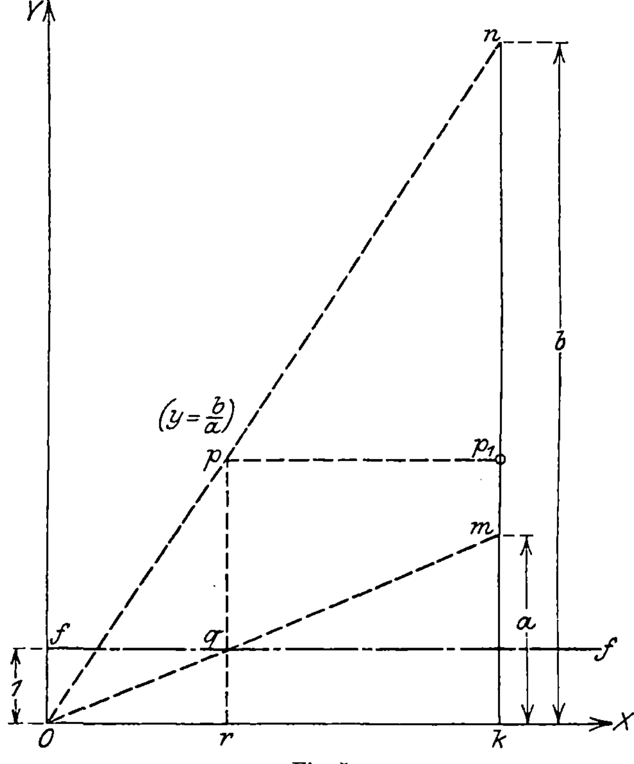

Fig. 5.

2. **Division.** Es soll aus den zur gleichen Abszisse gehörenden Ordinaten $km\,(\text{cm}) = a$ und $kn\,(\text{cm}) = b$ (Fig. 5) der Quotient $\dfrac{b}{a} = y$ konstruktiv abgeleitet werden.

Man zieht die Maßgerade ff parallel OX im Abstande 1 cm und verbindet O mit m. Die betreffende Linie schneide ff in q. Legt man durch q die Gerade rqp parallel OY und zieht die Linie On, dann ist der Schnittpunkt p der letzteren mit qrp der gesuchte Punkt, d. h. es ist

$$rp = y = \frac{b}{a}.$$

Denn

$$\frac{rp}{rq} = \frac{kn}{km}$$

oder

$$\frac{rp}{1} = \frac{b}{a}$$

$$rp = \frac{b}{a} = y.$$

Durch Fällen des Lotes pp_1 auf kn kann $kp_1 = y$ neben a und b als Ordinate für die nämliche Abszisse Ok eingetragen werden.

Soll y in anderem Maß als a und b dargestellt werden, ist z. B. die Längeneinheit der Strecken, die a und b darstellen, 1 cm, für die resultierende Strecke ϱ cm, dann lege man die Gerade ff in Fig. 5 in den Abstand ϱ cm statt 1 cm von OX. Für die in diesem Falle erhaltene Länge $rp = kp_1$ gilt dann ϱ als Längeneinheit, um $\dfrac{b}{a}$ darzustellen.

Sind die durch einander zu dividierenden Zahlen a und b durch die zusammengehörigen Koordinaten Om und mn, in Zentimeter gemessen, der Fig. 6 dargestellt, dann zieht man die Maßgerade rf im Abstande 1 cm parallel OY und verbindet O mit n. Für die durch den Schnittpunkt von On und rf gelieferte Strecke pr gilt hier die Beziehung

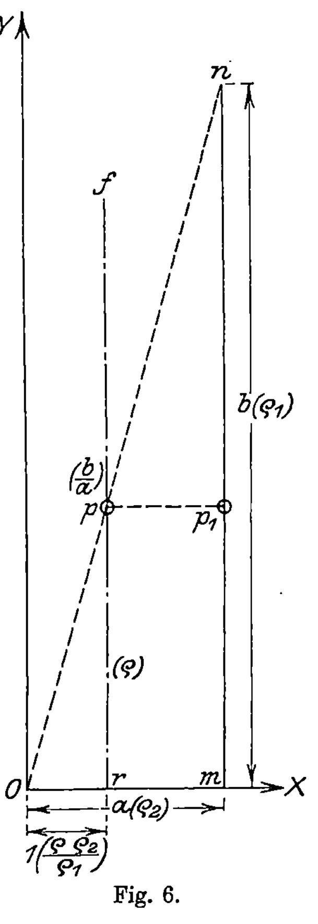

Fig. 6.

$$\frac{pr}{Or} = \frac{mn}{Om}$$

$$\frac{pr}{1} = \frac{b}{a}$$

$$pr = \frac{b}{a} = y = mp_1.$$

Sind die Maßstäbe für die Strecken, welche für Dividend, Divisor und Quotient gelten, ungleich, dann ist zu ermitteln, in welchem Abstande von OY die Gerade rf zu ziehen ist. Sei ϱ_1 cm die Maßeinheit für mn, ϱ_2 cm für Om und ϱ cm für pr, dann ist

$$mn\,(\text{cm}) = b \cdot \varrho_1$$
$$Om\,(\text{cm}) = a \cdot \varrho_2$$

$$pr\,(\text{cm}) = \frac{b}{a} \cdot \varrho = y \cdot \varrho.$$

Aus der geometrischen Beziehung

$$\frac{pr\,(\text{cm})}{Or\,(\text{cm})} = \frac{mn\,(\text{cm})}{Om\,(\text{cm})}$$

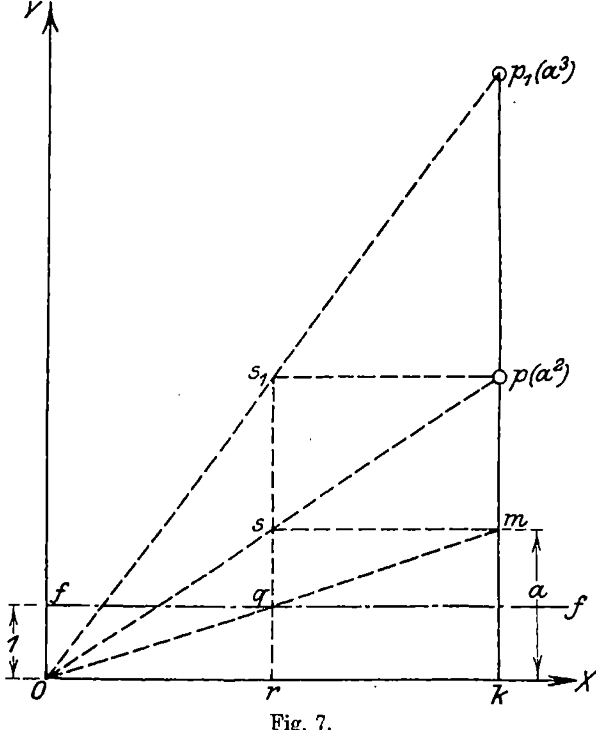

Fig. 7.

folgt
$$\frac{b}{a} \cdot \varrho \cdot \frac{1}{Or\,(\mathrm{cm})} = \frac{b \cdot \varrho_1}{a \cdot \varrho_2}.$$

Der gesuchte Abstand wird somit

$$Or\,(\mathrm{cm}) = \frac{\varrho \cdot \varrho_2}{\varrho_1} \quad \ldots \ldots \ldots \quad (2)$$

Da die graphischen Operationen für das Potenzieren und Radizieren später keine Anwendung finden, mögen dieselben an dieser Stelle nur in aller Kürze besprochen werden.

3. **Potenzierung bei ganzzahligem Exponenten.** Ist zunächst das Quadrat einer Zahl a, die durch die Ordinate km (Fig. 7) dargestellt wird, zu ermitteln, so ziehe man die Maßgerade ff im Abstande Eins parallel OX und verbinde O mit m. Durch den

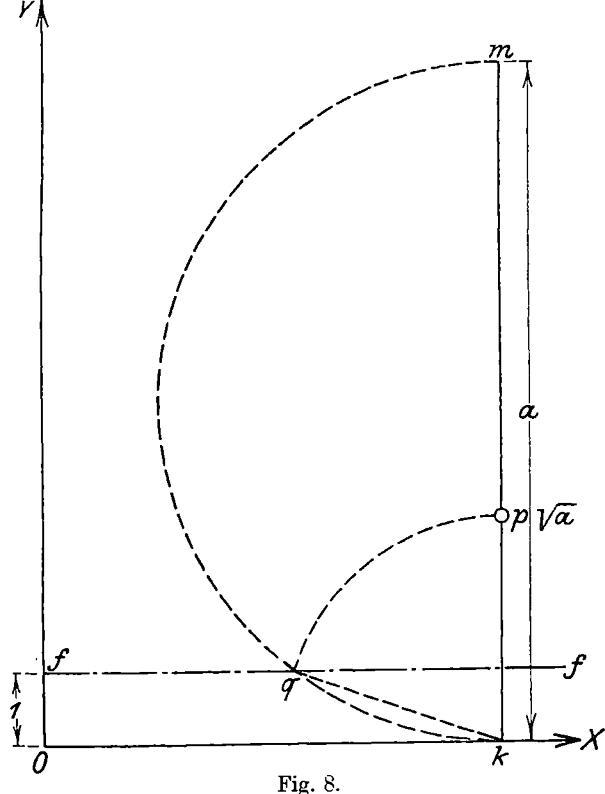

Fig. 8.

Schnittpunkt q wird eine Ordinatenlinie $rqss_1$ gelegt und auf diese m in s projiziert. Die bis zum Schnitt p mit der verlängerten Strecke km gezogene Gerade Osp liefert

$$kp = a^2.$$

Projiziert man p in s_1 auf $rqss_1$, zieht Os_1 und verlängert letztere Linie bis zum Schnittpunkt p_1, dann ist

$$kp_1 = a^3.$$

In gleicher Weise können die höheren Potenzen konstruiert werden.

4. Ausziehung der Quadratwurzel. Um $\sqrt{a}$ zu konstruieren (Fig. 8), beschreibe man über $km = a$ als Durchmesser einen Halbkreis und ziehe die Maßgerade ff im Abstande Eins parallel OX. Der Schnittpunkt der letzteren q mit dem Halbkreise liefert die Gerade $kq = \sqrt{a}$, die von k aus auf km als Strecke kp abgetragen werden kann.

Aus den Ausführungen unter 3. und 4. folgt leicht, daß zu einer durch eine Länge dargestellten Zahl a auch eine Länge elementar konstruiert werden kann, welche $a^{x/2^z}$ dargestellt, vorausgesetzt, daß x und z ganze Zahlen bedeuten.

II. Die charakteristischen Kurven des Gleichstromgenerators.

Die charakterischen Kurven des Gleichstromgenerators sollen für dieselbe Drehzahl ermittelt werden. Der Ausgangspunkt für die geometrische Darstellung ist durch diejenige der elektromotorischen Kraft gegeben.

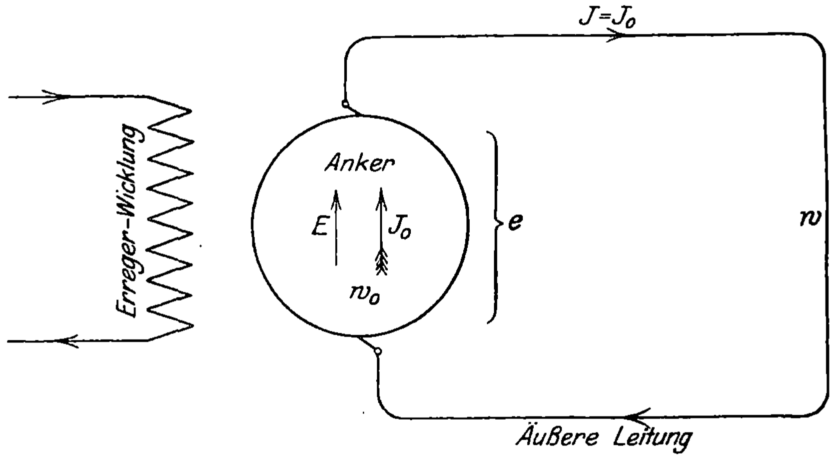

Fig. 9.

1. Die konstant magnetische Maschine.

Die konstant magnetische Maschine ist durch einen konstanten Induktionsfluß im Anker gekennzeichnet. Ein solcher kann durch permanente Stahlmagnete erzeugt werden, wie sie in den Anfangsjahren der Elektrotechnik auch bei maschinellem Antrieb verwendet worden sind. Später hat man ihre Verwendung zu gewissen Zwecken auf kleine Maschinen für Handbetrieb beschränkt. Bei maschinellem Antrieb werden gegenwärtig nur Elektromagnete verwendet, deren konstanter Magnetisierungsstrom einer besonderen Stromquelle entnommen wird. Derartige Maschinen kann man daher auch als „besonders erregte", „separiert erregte" oder „fremd erregte" Maschinen bezeichnen.

Die elektromotorische Kraft (EK) ist hier konstant, wenn die feldschwächende Wirkung des Ankerstromes, d. h. dessen Rück- und Querwirkung sowie die Selbstinduktion nicht berücksichtigt werden.

Fig. 9 stellt das einfache Schaltungsschema einer solchen Maschine dar. Es bezeichnet

E die elektromotorische Kraft (EK),

e die Klemmenspannung,

J_0 den Ankerstrom gleich dem äußeren Strom J,

w_0 den Ankerwiderstand,

w den äußeren Widerstand,

$W = w_0 + w$ den Gesamtwiderstand.

In Fig. 10 stellen die Ordinaten der zur Abszissenachse parallelen Geraden $m_0 m$ den Wert von E dar. Als Abszissen sind die Werte der Stromstärke J, die irgendwelchen Widerständen entsprechen, abgetragen. Die Maßstäbe sind in der Zeichnung so gewählt, daß 20 V sowie 50 A durch 1 cm, also 1 V durch 0,05 cm, 1 A durch 0,02 cm dargestellt sind. Die Strecke $O O_1$ stellt den höchstmöglichen Strom $\bar{J}$ dar, wie derselbe bei Kurzschluß auftreten würde.

Für die Zeichen in den Formeln mag folgendes festgesetzt werden. Eine zwischen zwei Größen bestehende Proportionalität soll durch das Zeichen $\neq$ ausgedrückt werden. Ferner soll die gewöhnliche Bezeichnung einer Strecke der Zeichnung durch ihre Endbuchstaben bedeuten, daß dieselbe in cm gemessen zu denken ist. Gelegentlich wird die Bezeichnung cm in Klammern neben den Ausdruck für die betreffende Strecke geschrieben. Soll ein anderes Maß angewendet werden, so wird dieses durch eine besondere Bemerkung oder durch Beifügung der eingeklammerten Maßeinheit neben die Bezeichnung der betreffenden Strecke ausgedrückt. Für irgend einen Wert der Stromstärke, die durch $O n_1$ dargestellt sei, gilt offenbar

$$O n_1 \neq J$$

$$O n_1 = J \cdot 0{,}02 = O n_1 \text{ (cm)}.$$

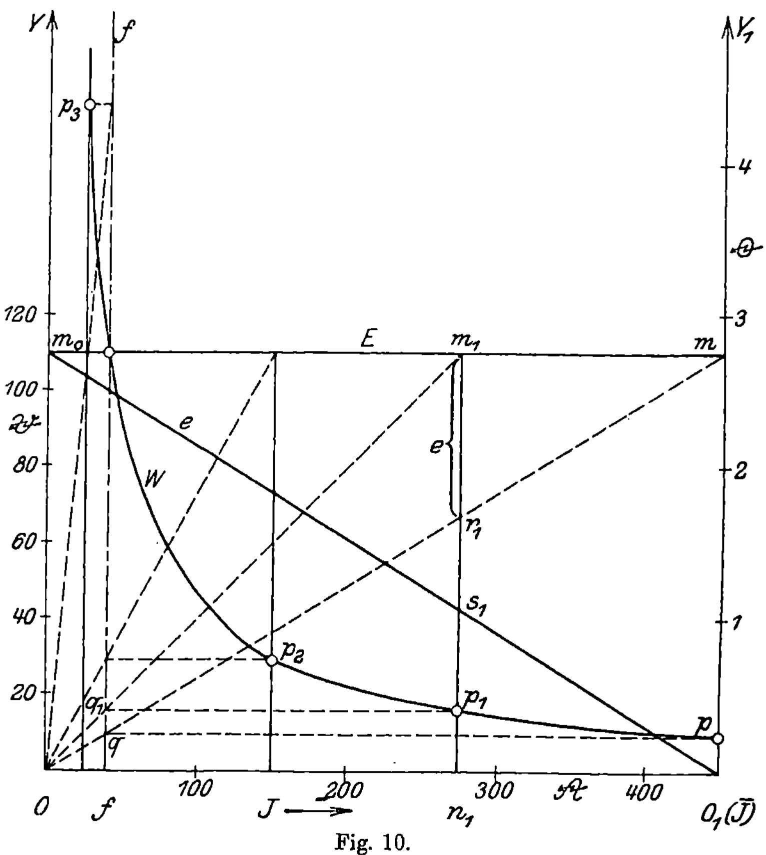

Fig. 10.

Ferner ist

$$m_1 n_1 = E \cdot 0{,}05,$$

folglich

$$\frac{m_1 n_1}{O n_1} = \frac{E}{J} \cdot 2{,}5 = W \cdot 2{,}5.$$

Um zur Darstellung des Widerstandes zu gelangen, werde die Maßgerade ff parallel OY im Abstande $Of = 0{,}8$ cm gezogen. Verbindet man m_1 mit O, so erhält man auf ff den Schnittpunkt q_1. Für den Abschnitt fq_1 gilt die Beziehung

$$fq_1 = Of \frac{m_1 n_1}{O n_1} = 0{,}8 \cdot \frac{E}{J} \cdot 2{,}5$$

$$fq_1 \,(\mathrm{cm}) = 2\,W$$

$$\frac{fq_1 \,(\mathrm{cm})}{2} = W\,(\Omega).$$

Hiernach stellt fq_1 in cm gemessen, durch 2 geteilt die Zahl für den Gesamtwiderstand in Ω dar, der J entspricht. Um W einfach durch die Strecke fq_1 darzustellen, wählt man dafür als Maßeinheit die Länge von 2 cm. Eine entsprechende Teilung für die W-Werte ist rechts in Fig. 10 auf O_1Y_1 verzeichnet.

Die graphische Darstellung des Gesamtwiderstandes ist in prinzipiell gleicher Weise, wie oben besprochen, zuerst von Deprez[1]) angegeben.

In gleicher Weise können für beliebige sonstige Werte von J diejenigen von W als Strecke auf ff erhalten werden.

Projiziert man q_1 in p_1 auf m_1n_1, so stellt p_1 einen Punkt mit den Koordinaten $On_1 \doteq J$ und $fq_1 = n_1p_1 \doteq W$ dar. Wie man sieht, können so beliebige Punkte für zusammengehörige Werte von J und W ermittelt werden, d. h. es kann die Kurve $pp_1\,p_2\,p_3 \ldots$ konstruiert werden, die als Abszissen die Stromstärke, als Ordinaten den Gesamtwiderstand besitzt. Die Kurve, die offenbar als gleichseitige Hyperbel gegen die Abszissenachse konvex gegen letztere mit zunehmendem J abfällt, enthält als äußerste Punkte, die im Betriebe gedacht werden können, den Kurzschlußpunkt p $(J = \overline{J},\ W = w_0)$ und einen Punkt in unendlicher Enfernung auf der Y-Axe, der sich die Kurve asymptotisch annähert. Dies gilt für den Grenzfall des offenen Stromkreises $(J = O,\ W = \infty)$. Die in der Zeichnung angenommene Größe des Ankerwiderstandes $w_0 = \dfrac{E}{J} = \dfrac{110}{450} = 0{,}24$ ist für mittlere Maschinen reichlich groß. Doch verbietet die im Buch für die Zeichnung zur Verfügung stehende geringe Fläche im Interesse der Deutlichkeit ein kleineres w_0 anzunehmen.

Aus Fig. 10 ist auch der Verlauf der Klemmenspannung und des Spannungsabfalls in der Maschine zu ersehen, wie bereits von Deprez (l. c.) gezeigt wurde. Sei r_1 der Schnittpunkt von Om und m_1n_1, dann ist

$$\frac{n_1r_1}{On_1} = \frac{fq}{Of}$$

$$\frac{n_1r_1}{J\cdot 0{,}02} = \frac{w_0\cdot 2}{0{,}8}$$

$$n_1r_1 = \frac{2\cdot 0{,}02}{0{,}8}\cdot J\cdot w_0 = 0{,}05\cdot J\cdot w_0$$

$$\frac{n_1r_1}{0{,}05} = Jw_0 = e_i,$$

---

[1]) M. Deprez, Lum. électr. 5, S. 325 ff., 1881.

d. h. $n_1 r_1$ im Maßstabe der EK gemessen liefert den Spannungsabfall im Anker, der somit für verschiedene Stromstärken durch die Ordinaten der Geraden Om dargestellt wird.

Die Ordinatenabschnitte zwischen der letzteren und der E-Geraden stellen die Klemmenspannung e dar. Denn es ist

$$m_1 r_1 = m_1 n_1 - n_1 r_1$$

$$= (E - J \cdot w_0)\, 0{,}05$$

$$\frac{m_1 r_1}{0{,}05} = E - J \cdot w_0 = e.$$

Zieht man noch die Gerade $m_0 O_1$, so stellen deren Ordinaten z. B. $n_1 s_1$, ebenfalls die Klemmenspannung dar. Für die äußersten Punkte derselben gilt

$$e = E \text{ (offener Stromkreis, } J = 0, \quad W = \infty)$$

$$e = 0 \text{ (Kurzschluß, } J = \overline{J}, W = w_0, \quad w = 0).$$

Während Fig. 10 die Abhängigkeit der elektrischen Größen von der Stromstärke darstellt, gibt Fig. 11 dieselben als Funktion des Widerstandes. Das betreffende Kurvenbild kann aus Fig. 10, wie folgt, abgeleitet werden.

In Fig. 11 liegen zwei Koordinatensysteme XOY und $X_1 O_1 Y_1$ nebeneinander, so daß die Abszissenachse beider in die nämliche Gerade $OO_1 X_1$ fällt. Links unter a sind nochmals die Kurven der Fig. 10 mit J als Abszissen eingetragen. Rechts unter b sind die neuen Kurven verzeichnet. Die von O_1 aus gemessenen Abszissen sollen die Gesamtwiderstände darstellen.

Es sei hier auch für spätere Fälle bemerkt, daß die kurze Charakterisierung einer Kurve statt durch ein Funktionszeichen häufig in folgender Weise geschieht. Der Buchstabe für die als abhängige Veränderliche (Ordinate) betrachtete Größe wird voran, derjenige für die unabhängige Veränderliche (Abszisse) in Klammern rechts daneben geschrieben. Hiernach bedeutet z. B. $W(J)$-Kurve diejenige, bei der W als Ordinate, J als Abszisse erscheint. Es würde demnach die $J(W)$-Kurve W als Abszissen, J als Ordinaten besitzen.

In Fig. 11 unter a ist die $W(J)$-Kurve verzeichnet. Die $J(W)$-Kurve läßt sich daraus durch einfaches Umlegen ableiten. Um aber Abtragungen mittels Zirkels oder Maßstabs zu vermeinden, kann auch, wie folgt, verfahren werden.

Durch O und O_1 sind unter 45^0 Neigung gegen die Achsen die Geraden OQ und $O_1 Q_1$ gezogen. Unter a gehört zu der Abszisse $Ok \neq J$ die Ordinate $km \neq W$. Letztere wird bis zum Schnittpunkt

a
b
Y
Y'
Y₂
J̄
Y'₁
Q
Q₁
W
E
E
s
n
m
e
e
p₁
p
r
J
120
100
80
60
40
20
4
3 120
100
2 80
60
1 40
20
v₀
X
0
100
200
300
400
J
J̄ X O₁ O₂
1
k₁
W
2
3
O'₁
k
400
300
200
100
15

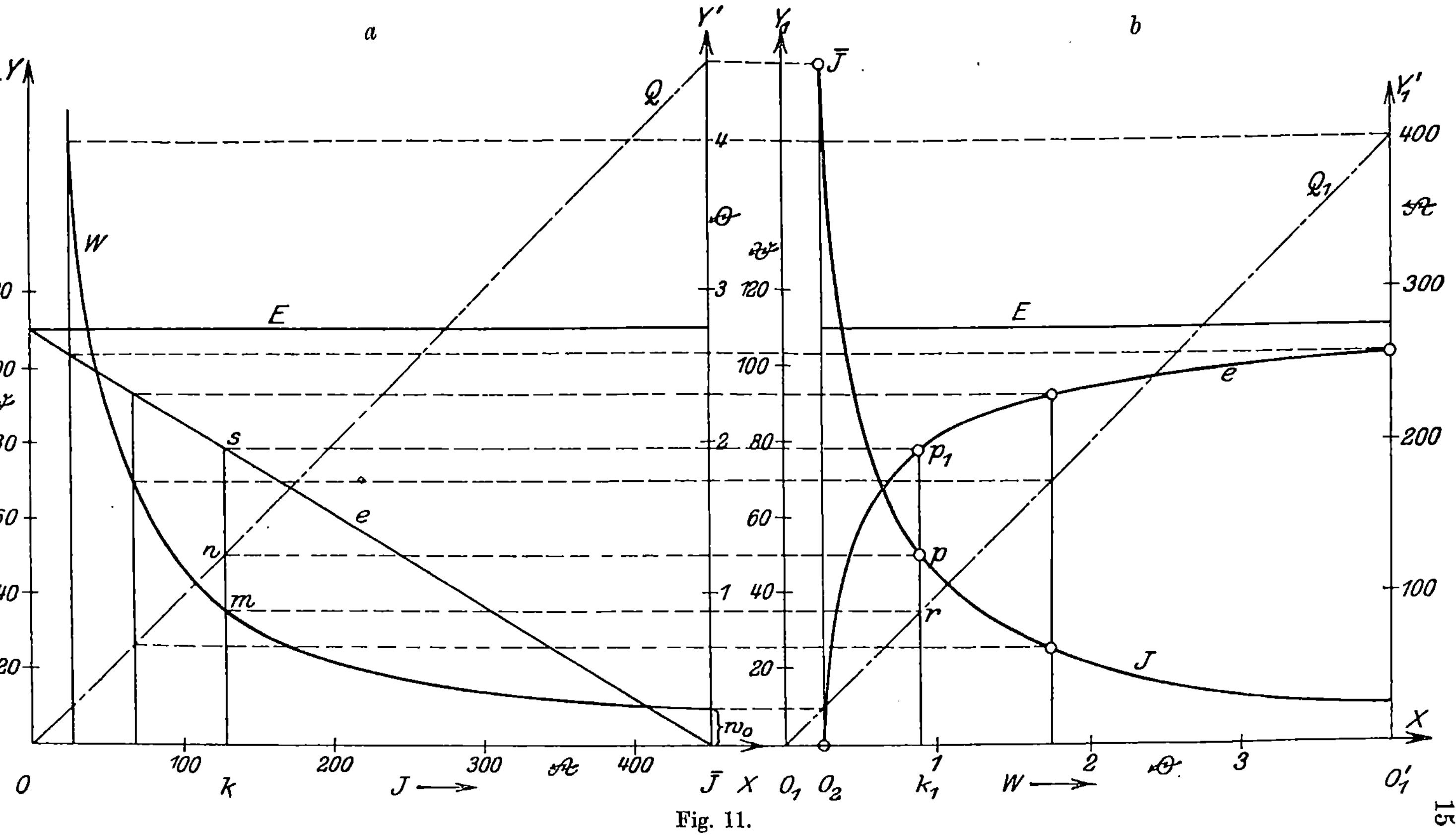

Fig. 11.

n mit OQ verlängert. Durch m legt man eine Paralle zu OX, welche O_1Q_1 in r schneide. Legt man durch r eine Ordinatenlinie $k_1 rp$ und durch n eine Parallele zu OX, dann ist der Schnittpunkt p beider Geraden der Punkt im System $X_1O_1Y_1$, der m im System XOY entspricht. Denn es ist

$$O_1 k_1 = km \neq W$$
$$k_1 p = kn \neq J.$$

Die durch Festlegung weiterer Punkte erhaltene Kurve fällt konvex gegen die Abszissenachse ab und nähert sich dieser asymptotisch an. Der kleinstmögliche Wert, den W annehmen kann, ist $w_0 \neq O_1 O_2$. Ersichtlich stellen die von O_2 aus gemessenen Abszissen die Werte des äußeren Widerstandes dar.

Die $E(W)$- bzw. $E(w)$-Linie ist, da E von W nicht abhängt, als Parallele zu O_1X_1 in Fig. 11b eingetragen.

Die $e(W)$- bzw. $e(w)$-Kurve unter b ist aus der $e(J)$-Geraden und $W(J)$-Kurve unter a abgeleitet. Der Abszisse $Ok \neq J$ entsprechen unter a die Ordinaten $km \neq W$ und $ks \neq e$. Erstere muß unter b als Abszisse, letztere als Ordinate eines Punktes p_1 der $e(W)$-Kurve eingetragen werden. Zu dem Zweck wird wie oben $O_1 k_1 = km \neq W$ konstruiert, durch k_1 eine Ordinatenlinie gelegt und auf diese s projiziert. Der dadurch erhaltene Punkt p_1 ist ersichtlich ein solcher der $e(W)$-Kurve. Die Konstruktion sonstiger Punkte führt auf die mit e bezeichnete Kurve. Für $W = w_0 \neq O_1 O_2$ ist $e = 0$. Mit zunehmendem Widerstande wächst e verzögert und nähert sich dabei dem Werte E, der im Grenzfalle $W = \infty$ erhalten wird, d. h. die $e(W)$-Kurve nähert sich asymptotisch der E-Geraden. Rechnet man die Abszissen von O_2 aus, so bezieht man damit die e-Ordinate auf den äußeren Widerstand.

Die Kurven der Arbeitsgrößen. Die Leistung des Stromes im ganzen Kreise ist

$$P = E \cdot J \, (\text{Wt})$$

also J proportional und wird somit als Funktion von J durch eine gerade Linie dargestellt. In Fig. 12 bezeichnen die Abszissen die Stromstärke, so daß 1 A durch 0,02 cm gegeben ist. Ferner ist $m_0 m$ die E-Gerade (0,05 cm entspricht 1 V). Es sei angenommen, daß 10000 Watt durch 2 cm, 1 Wt durch 0,0002 cm dargestellt werden. In diesem Falle wird auf $m_0 m$ die Strecke $m_0 q = 5$ cm abgetragen. Dann ist q ein Punkt der Maßgeraden, da nach

Formel 1a S. 6 deren Abstand von OY gleich $\dfrac{\varrho_1 \varrho_2}{\varrho} = \dfrac{0{,}05 \cdot 0{,}02}{0{,}0002} = 5$ cm sein muß. Zugleich ist q ein Punkt der gesuchten $P(J)$-Geraden. Denn die Anwendung der Konstruktion in Fig. 4 auf die

Koordinaten $kq \neq E(\mathcal{V})$ und $Ok \neq J(A)$ führt für $E \cdot J$ auf die Ordinate $kq \neq E \cdot J(\mathrm{Wt})$. Die $P(J)$-Gerade wird somit durch Ziehen der Geraden Oqp_1 erhalten. Der Maßstab für P ist rechts auf $O'Y'$ verzeichnet.

Für $J = 0$ (Leitung offen) ist $P = 0$, für $J = \overline{J}$ (Kurzschluß) $P = \overline{P}$ gleich dem Höchstwerte der Leistung, die indessen in der Maschine gänzlich verloren geht.

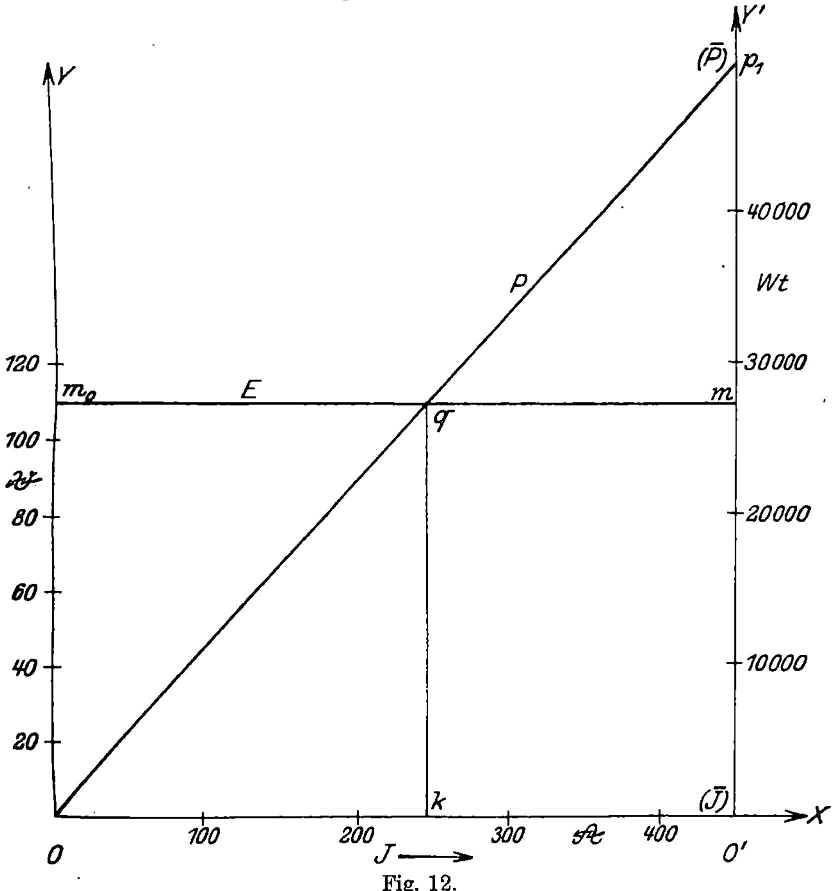

Fig. 12.

Die Ermittlung der Nutzleistung

$$P_a = e \cdot J$$

ist in Fig. 13 dargestellt.

    Unter Benutzung der bisherigen Maßstäbe ist die Gerade $m_0\,O'$ für $e(J)$ eingetragen. Die Maßgerade ff ist in einem Abstande gleich 5 cm von OY gezogen. Die Ermittlung der Ordinaten kp, die $e \cdot J$

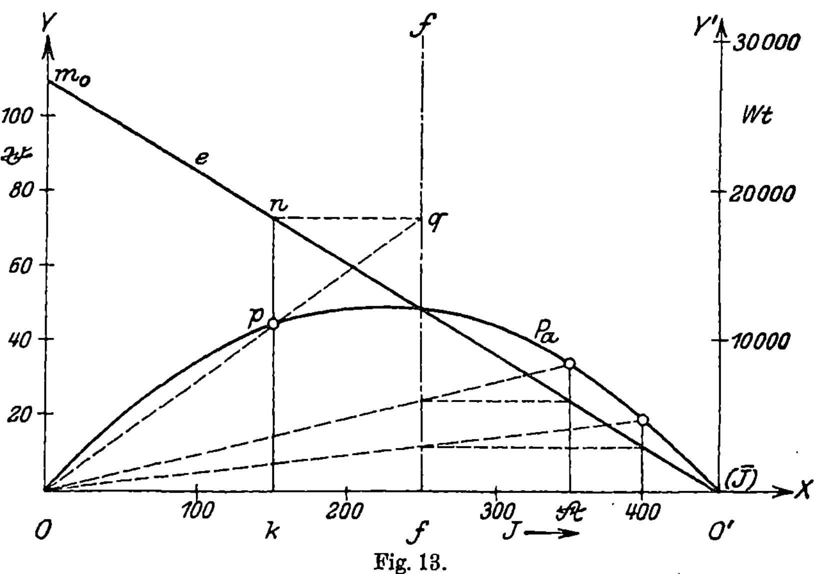

Fig. 13.

darstellen, aus Ok und kn ist in bereits mehrfach besprochener Weise erfolgt und führt auf die $P_a(J)$-Kurve, deren Ordinatenmaßstab auf $O'Y'$ angegeben ist. Die Konstruktion führt auf eine Parabel, die durch den Anfangspunkt $O\,(J=0,\ e=E, P_a=0)$ zieht. Dieselbe verläuft konkav gegen OX, überschreitet von O aus zunächst ansteigend ein Maximum bei $J=\frac{1}{2}\overline{J}$ und fällt bis $O'(J=\overline{J})$ ab. Die Kurve wird durch die Maximalordinate in zwei symmetrische Hälften geteilt.

Der elektrische Wirkungsgrad

$$\eta_e = \frac{P_a}{P} = \frac{e}{E}$$

wird, wie man ohne weiteres erkennt, durch eine gerade gegen OX abfallende Linie dargestellt, da das gleiche für e gilt und E konstant ist. Die $e(J)$-Gerade, s. Fig. 14, ist daher geeignet, auch die $\eta_e(J)$-Gerade darzustellen. Der Ordinatenmaßstab, auf Y' verzeichnet, ist dabei so zu wählen, daß die Ordinate $Om_0(e=E)$ den Wert 1 $(100\,^0/_0)$ bedeutet. Für $J=0\,(e=E,\ P_a=0,\ P=0$, offener Kreis) ist $\eta_e=1$, für $J=\overline{J}(e=0,\ P_a=0,\ P=\overline{P}$, Kurzschluß) $\eta_e=0$ und für $J=\frac{1}{2}\overline{J}$ $(P_a=\text{Max.}\,\overline{P}_a)$ $\eta_e=\frac{1}{2}$.

Von dem elektrischen Wirkungsgrade η_e verschieden ist der wirtschaftliche Wirkungsgrad η_w. Dieser ist die eigentlich maßgebende Größe, um die Güte der Umsetzung der totalen mechanischen

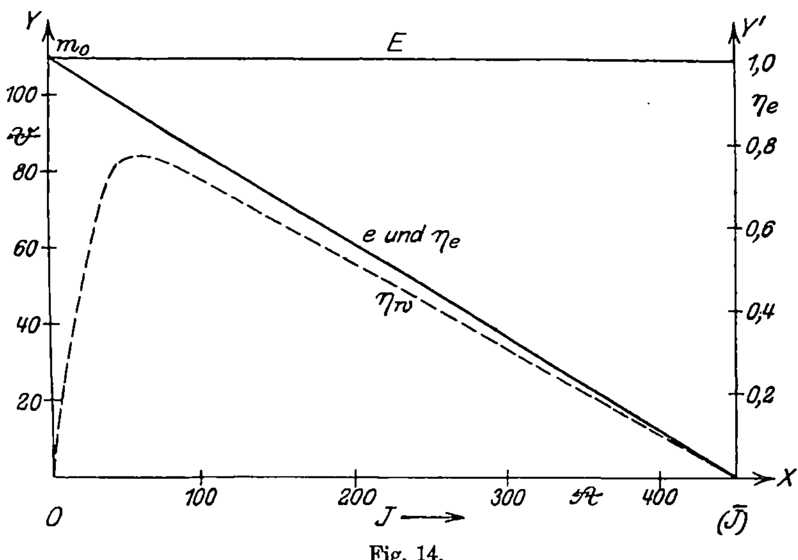

Fig. 14.

Leistung P_t, die dem Generator von außen zugeführt wird, in Nutzleistung zahlenmäßig darzustellen. Da der wirtschaftliche Wirkungsgrad

$$\eta_w = \frac{P_a}{P_t}$$

nur durch besondere Versuche festzustellen ist, muß hier auf die geometrisch konstruktive Ableitung der η_w-Kurve verzichtet werden. Obwohl η_w den wichtigeren Wirkungsgrad bezeichnet, ist die Kenntnis von η_e doch nicht ohne Nutzen, da das Verhalten dieser Größe auch auf dasjenige von η_w schließen läßt. Das gilt namentlich für mittlere und große Leistungen P_t bzw. P.

Es ist nämlich

$$P_t = P + P_v,$$

wenn P_v die Verlustleistung bezeichnet. Dieselbe entfällt auf die Überwindung der gegenwirkenden passiven Widerstände, die durch mechanische Wirkungen und Wirkungen durch Vorgänge im Eisen entstehen. Erstere sind hervorgerufen durch Lager- und Bürstenreibung sowie durch Luftwiderstand und -reibung, letztere durch Hysterese und Erregung von Wirbelströmen im Ankerkern (eventuell auch in den Ankerdrähten). Die statt „Verlustleistung" häufig angewandte Benennung „Leerlaufsleistung" (P_l) sollte man nur für den besonderen Fall anwenden, in welchem der Generator leer, d. h. ohne Lieferung von Nutzleistung, rotiert. Die Verlustleistung, allgemein mit dem Induktionsfluß und der Drehzahl veränderlich, ist bei brauch-

2*

baren Maschinen klein gegen große Werte P_t bzw. P, so daß letztere nicht erheblich verschieden sind.

Dividiert man in dem Ausdruck

$$\eta_w = \frac{P_a}{P_t} = \frac{P_a}{P + P_v}$$

Zähler und Nenner durch P, so erhält man

$$\eta_w = \frac{\dfrac{P_a}{P}}{1 + \dfrac{P_v}{P}}$$

$$\eta_w = \frac{\eta_e}{1 + \dfrac{P_v}{P}}.$$

Hiernach ist stets

$$\eta_w < \eta_e,$$

aber es werden mit einiger Annäherung beide Größen einander gleich

$$\eta_w \approx \eta_e,$$

wenn $\dfrac{P_v}{P}$ klein wird, wie das für große und mittlere Leistungen zutrifft.

Für die konstant magnetische Maschine verläuft daher die gestrichelte Kurve in Fig. 14, die η_w in seinem ungefähren Verhalten darstellt, unter der η_e-Kurve, ist aber von letzterer bei mittleren und starken Strömen nicht sehr erheblich verschieden. Bei schwachen Belastungen liegt die Sache anders. Da hier $\dfrac{P_v}{P}$ einen gegen Eins sehr namhaften Wert annehmen kann, hört hier die genäherte Beziehung

$$\eta_w \approx \eta_e$$

vollständig auf, ja im Grenzfalle $P = 0$, $P_a = 0$ wird, da auch hier eine endliche Leerlaufsleistung vorliegt,

$$\frac{P_v}{P} = \infty, \quad \eta_w = 0$$

während η_e seinen Höchstwert Eins besitzt. Diese Verhältnisse sind durch den anfänglichen Teil der gestrichelten Kurve dargestellt.

Die Konstruktion der Kurven für die Arbeitsgrößen als Funktion des Widerstandes kann auf verschiedene Weise erfolgen. In Fig. 15 ist eine Darstellung entsprechend derjenigen in Fig. 11 gewählt. Die $P(W)$-Kurve wird dabei aus derjenigen für $P(J)$ und $W(J)$ abgeleitet. Letztere sind in das Koordinatensystem XOY unter a eingetragen. Neben diesem liegt unter b das System $X_1 O_1 Y_1$. In demselben ist $O_1 Q_1$ unter 45^0 Neigung gegen die Achsen gezogen.

Y
a
Y'
(P̄)
Y₁
(P̄)
b
40000
4
40000
Q₁
P
Wt
Θ
Wt
30000
3
30000
W
20000
2
20000
P
m
m₁
10000
1
10000
n
p
X₁
0
k
100
200
J →
300
ℛ
400
O'
X
O₁ O₂
1
k₁
2
W →
3
Θ
4
21

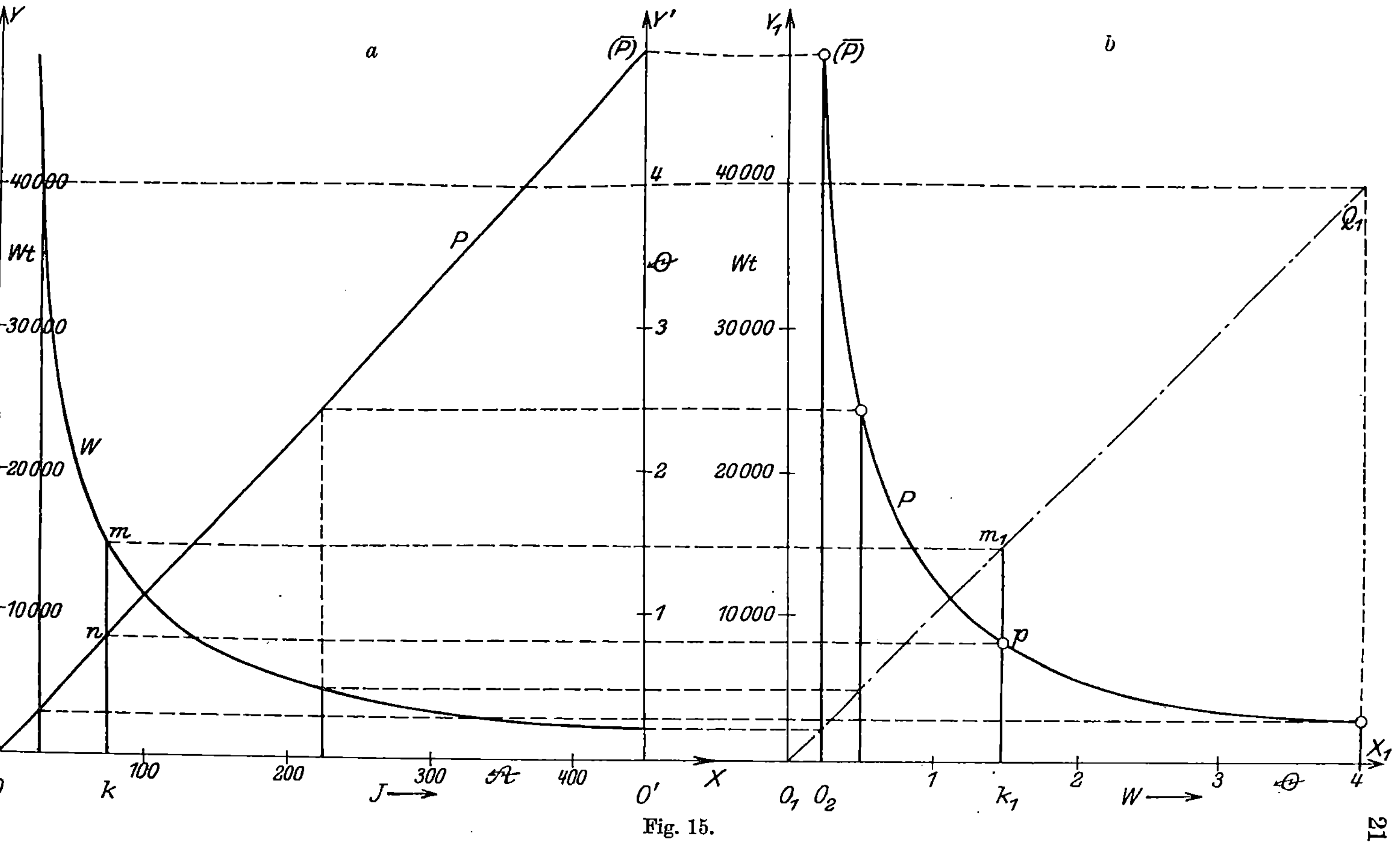

Fig. 15.

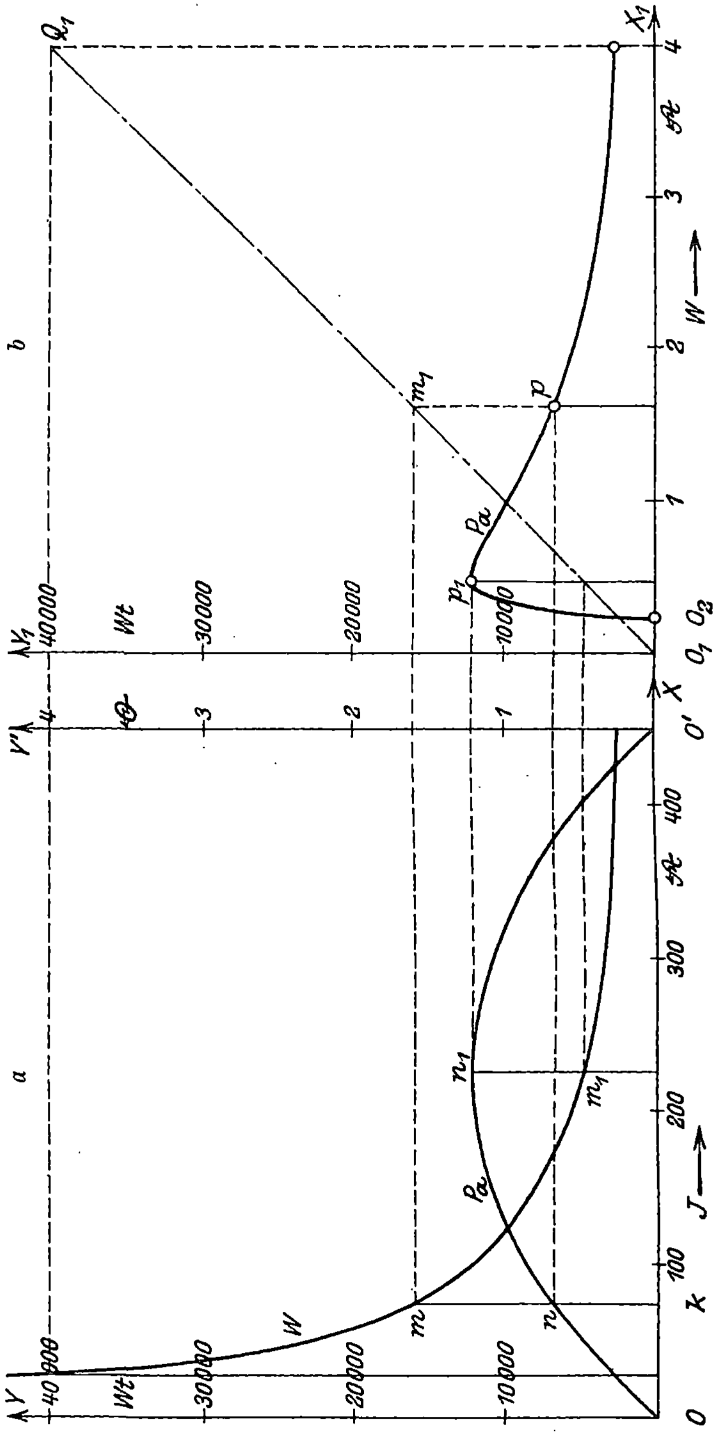
Q1
X1
b
a
W
J
Wt
40000
30000
20000
10000
m1
p
p1
pa
O1
O2
O'
X
Y
Y1
Y'
m
n
n1
0
100
200
300
400
1
2
3
4

Fig. 16.

Der Abszisse $Ok \neq J$ unter a entsprechen die zusammengehörigen Größen

$$km \neq W, \quad kn \neq P,$$

die in das System $X_1 O_1 Y_1$ als Koordinaten einzutragen sind. Zu dem Zweck wird $mm_1 \parallel OX$ bis zum Schnittpunkt m_1 mit $O_1 Q_1$ gezogen. Die Abszisse $O_1 k_1$ für m_1 stellt somit W dar. Man projiziert dann auf die durch k_1 gehende Ordinatenlinie den Punkt n der $P(J)$-Geraden, wodurch p erhalten wird. Letzterer Punkt mit den Koordinaten

$$O_1 k_1 \neq W, \quad k_1 p = kn \neq P$$

ist daher ein Punkt der $P(W)$-Kurve. Die Konstruktion anderer Punkte führt auf eine Kurve, die unter konvexer Krümmung gegen $O_1 X_1$ bei zunehmendem W abnehmende Werte P darstellt.

Der kleinste Wert des Gesamtwiderstandes, der vorkommen kann, ist

$$W = w_0 \neq O_1 O_2.$$

Demselben entspricht der Höchstwert der Leistung $\overline{P}$. Der andere Extremfall entspricht dem offenen Stromkreise. Hier ist

$$W = \infty, \quad P = 0$$

d. h. die $P(W)$-Kurve nähert sich asymptotisch der Abszissenachse.

Die von O_2 aus gemessenen Abszissen stellen ersichtlich den äußeren Widerstand dar.

Die Ermittlung der Kurve für die Nutzleistung P_a als Funktion des Widerstandes kann, abgesehen von anderen Methoden, nach gleichem Prinzip erfolgen, so daß die $P_a(W)$-Kurve aus der $P_a(J)$- und $W(J)$-Kurve abgeleitet wird. Die Darstellung ist in Fig. 16 gegeben und bedarf keiner weiteren Erläuterung. Die Konstruktion führt auf die verzeichneten Punkte $p, p_1 \ldots O_2$ und liefert eine Kurve, die, von O_2 ausgehend, unter konkaver Krümmung gegen OX zunächst steil zu einem Maximum ansteigt, hierauf langsamer abfällt und sich dann nach Überschreitung eines Wendepunktes asymptotisch der Abszissenachse nähert.

Der elektrische Wirkungsgrad $\eta_e = \dfrac{e}{E}$ als Funktion von W oder w ist in Fig. 17 dargestellt. Eine gleiche Überlegung wie die für Fig. 14 angestellte läßt erkennen, daß die in Fig. 17 eingetragene $e(w)$-Kurve ohne weiteres auch für η_e gilt, wenn man die Ordinaten für letztere sich durch die rechts auf $O'Y'$ abgetragene Skala gemessen denkt. Die für E geltende W-Ordinate ist dabei für η_e als Maßeinheit zu verwenden. Die Konstruktion der η_e-Kurve könnte auch ohne Bezugnahme auf die e-Kurve zufolge der Beziehung $\eta_e = \dfrac{w}{w_0 + w}$ vorgenommen werden.

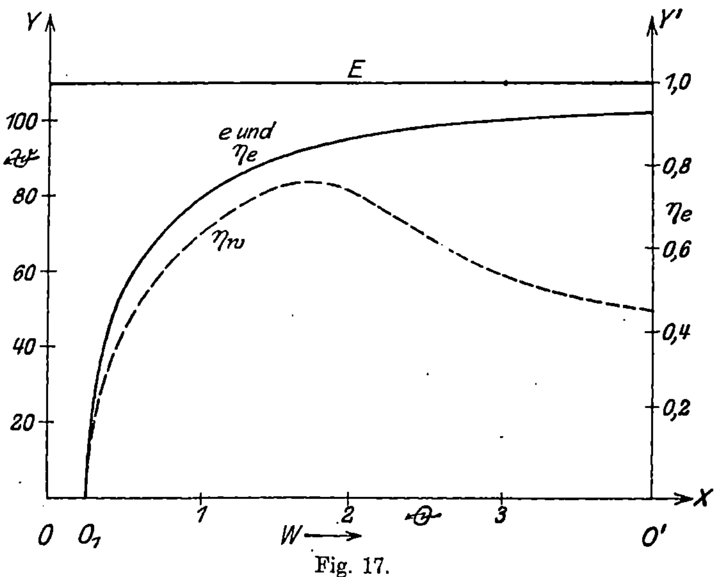

Fig. 17.

Die η_e-Kurve steigt vom Punkte O_1 der Abszissenachse $(W = w_0,$ $w = 0)$ mit verzögert wachsenden Ordinaten an und nähert sich asymptotisch einer im Abstande Eins von OX gezogenen Parallelen, d. i. zugleich der E-Geraden mit Bezug auf den Maßstab für die Spannung.

Die Kurve für den wirtschaftlichen Wirkungsgrad

$$\eta_w = \frac{\eta_e}{1 + \dfrac{P_v}{P}}$$

verläuft der Gleichung zufolge für große Leistungen P, d. h. kleine w, wenig verschieden von der η_e-Kurve, jedoch unter der letzteren. Nur für $w = 0$ ist $\eta_w = \eta_e = 0$. Bei weiter zunehmendem w, d. h. abnehmender Leistung, wächst $\dfrac{P_v}{P}$ beständig und damit der Unterschied zwischen η_w und η_e. Für $w = \infty$, $P = 0$ wird $\dfrac{P_v}{P} = \infty$, also $\eta_w = 0$, während η_e seinen größten Wert Eins annimmt. Das Verhalten von η_w ist durch die gestrichelte Kurve dargestellt.

2. Die Hauptstrommaschine.

In Fig. 18 ist das einfache Schaltungsschema der Hauptstrommaschine dargestellt.

Es bezeichnet

E die elektromotorische Kraft (EK),

e die Klemmenspannung,

J_0 die Ankerstromstärke gleich

J_h der Stärke des Schenkelstromes gleich

J der Stärke des äußeren Stromes,

w_0 den Widerstand des Ankers,

w_h denjenigen der Schenkelwicklung,

w den der äußeren Leitung,

$W = w_0 + w_h + w$ den gesamten Widerstand.

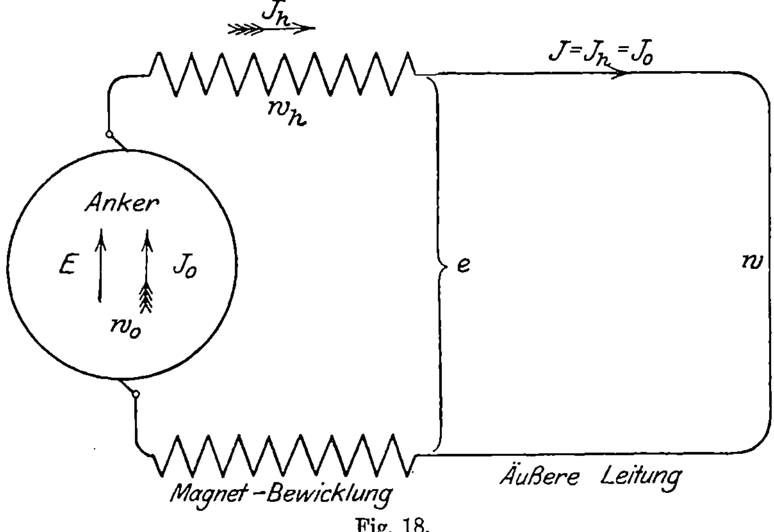

Fig. 18.

Die Abhängigkeit der EK von J_h, d. h. auch von der Stärke des äußeren Stromes J, ist in Fig. 19 durch die Kurve E dargestellt. Als Abszisse ist J, als Ordinate E aufgetragen. Die $E(J)$-Kurve ist als gegeben vorausgesetzt, sei es auf Grund des direkten Versuchs oder von Rechnungen, die im wesentlichen Teil auf den Gesetzen des magnetischen Kreises und der Induktion beruhen. Sie besitzt Ähnlichkeit mit einer gleichseitigen Hyperbel, die vom Anfangspunkte ($J = 0$) ausgehend unter konkaver Krümmung gegen die Abszissenachse verzögert wachsende Ordinaten besitzt, die sich für große J einem Grenzwerte annähern. In Wirklichkeit weicht die Kurve von diesem Verlaufe ab. Zunächst ist sie nicht genau eine gleichseitige

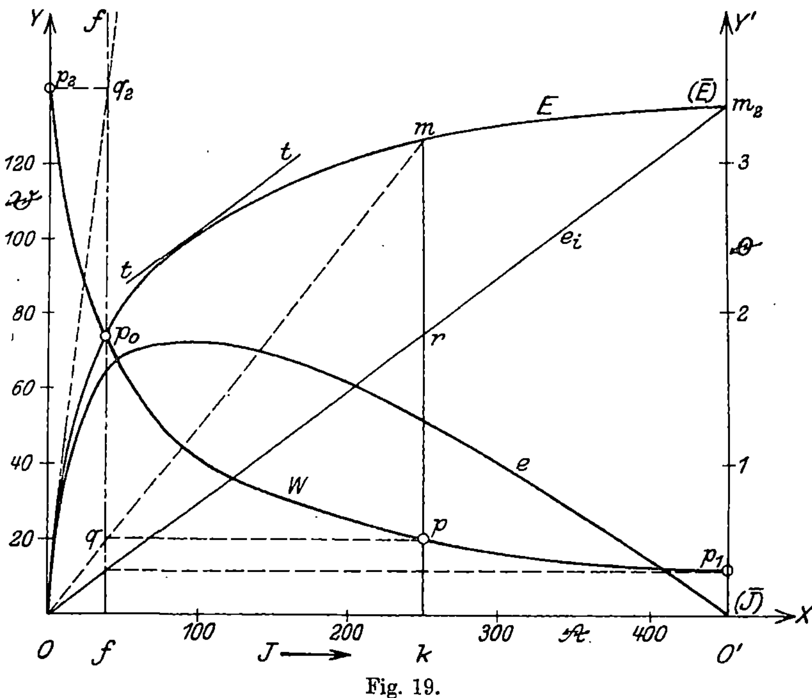

Fig. 19.

Hyperbel, da die Abhängigkeit der magnetischen Induktion von der magnetischen Kraft einem anderen bis jetzt analytisch nicht streng formulierten Gesetze folgt. Ferner zieht die Kurve nicht genau durch den Anfangspunkt wegen des remanenten Magnetismus, so daß E auch für $J = 0$ einen endlichen, wenn auch kleinen Wert besitzt. Endlich brauchen wegen der Ankerrückwirkung die Ordinaten E nicht bis zum höchsten Wert $J = \overline{J}$, der dem Kurzschluß entspricht, zuzunehmen. Vielmehr wird meistens das Auftreten eines Maximums von E bei hohem Wert von J stattfinden. Einstweilen mag die Form der E-Kurve, wie sie in Fig. 19 gezeichnet ist, als für das Weitere grundlegend angenommen werden.

Wie bei der konstant magnetischen Maschine kann nach M. D e p r e z[1]) auch hier Gesamtwiderstand und Klemmenspannung in einfacher Weise dargestellt werden.

Die maßstäblichen Verhältnisse der Figur sind die nämlichen wie diejenigen der Fig. 11, so daß 20 V sowie 50 A durch 1 cm dargestellt sind und 2 cm (Skala $O'Y'$) 1 Θ bedeuten. Dementsprechend ist die Maßgerade ff im Abstande 0,8 cm parallel OY gezogen.

---

[1]) l. c.

Ein beliebiger Punkt m der Kurve mit O verbunden liefern den Schnittpunkt q mit der Maßgeraden. Dann stellt $fq \lessgtr W$ den Gesamtwiderstand dar, welcher der Stromstärke $J \lessgtr Ok$ und der EK. $\lessgtr km$ entspricht. Wird folglich q auf km in p projiziert, dann ist p ein Punkt der Kurve, welche J als Abszissen und W als Ordinaten besitzt. In gleicher Weise können sonstige Punkte der $W(J)$-Kurve vermittelt werden. Der Schnittpunkt p_0 der E-Kurve mit ff ist ersichtlich ebenfalls ein Punkt derselben. Für den Punkt O', der dem Kurzschluß $(J = \bar{J})$ entspricht, stellt $O'p_1 = fq_1$ den Widerstand der Maschine $w_0 + w_h$ dar.

Geht man von m aus zu immer kleineren Werten der Stromstärke über, dann fällt im Grenzfalle m mit O zusammen, es wird $J = 0$ und $E = 0$. Hier wird der Zeichnung nach die Sehne Om zur Tangente Oq_2. Diese liefert durch ihren Schnitt q_2 mit ff einen bestimmten Widerstand $W_k \lessgtr fq_2$. Hiernach würden EK und Strom nicht erst für offenen Stromkreis $(W = \infty)$ verschwinden, sondern für einen bestimmten endlichen Widerstand W_k. Es mag dieser als der „kritische Widerstand" bezeichnet werden[1]. Das wirkliche Verhalten der Maschine ist damit nahezu in Übereinstimmung, weicht aber in w. u. zu besprechender Weise in etwas davon ab.

Wie bei Fig. 10 S. 12 begründet wurde, stellen die Ordinatenabschnitte $mr \ldots$ zwischen der Sehne Om_2 und der E-Kurve die Klemmenspannungen e für die betreffenden J-Abszissen, die Ordinaten $kr \ldots$ der Sehne die entsprechenden Spannungsabfälle $J(w_0 + w_h) = e_i$ in der Maschine dar. Man erkennt, daß für $J = 0$ die Spannung ebenfalls Null ist. Mit zunehmendem J wächst e bis zu einem Maximum und fällt dann wieder auf Null ab. Letzterer Fall tritt ein beim Kurzschluß der Maschine $(J = \bar{J},\ W = w_0 + w_h)$. Das Maximum ist geometrisch dadurch bedingt, daß für dessen Abszisse eine an die E-Kurve gezogene Tangente tt parallel Om_2 sein muß. Die Kurve, welche e als Ordinaten von J darstellt, ist aus der Figur ohne weiteres abzuleiten und in dieselbe gleichfalls eingetragen.

Die Ableitung der Abhängigkeit der einfachen elektrischen Größen vom Widerstande geschieht nach gleichem Prinzip, wie dasselbe bei der konstant magnetischen Maschine in Fig. 11 angewandt wurde.

---

[1] Berücksichtigt man auch den Einfluß einer Änderung der Drehzahl, so findet man, daß bei bestimmtem Widerstande die Stromerzeugung erst von einer gewissen Drehzahl an beginnt, deren Wert als derjenige der „Toten Drehungen" bezeichnet wird. Der Übergang vom stromlosen Zustande zu demjenigen der Stromerzeugung wird hiernach sowohl durch den Gesamtwiderstand, als auch durch die Drehzahl beeinflußt, und zwar ist es, wenn man von Nebeneinflüssen absieht, der Quotient beider Größen, welcher für jenen Übergang maßgebend ist.

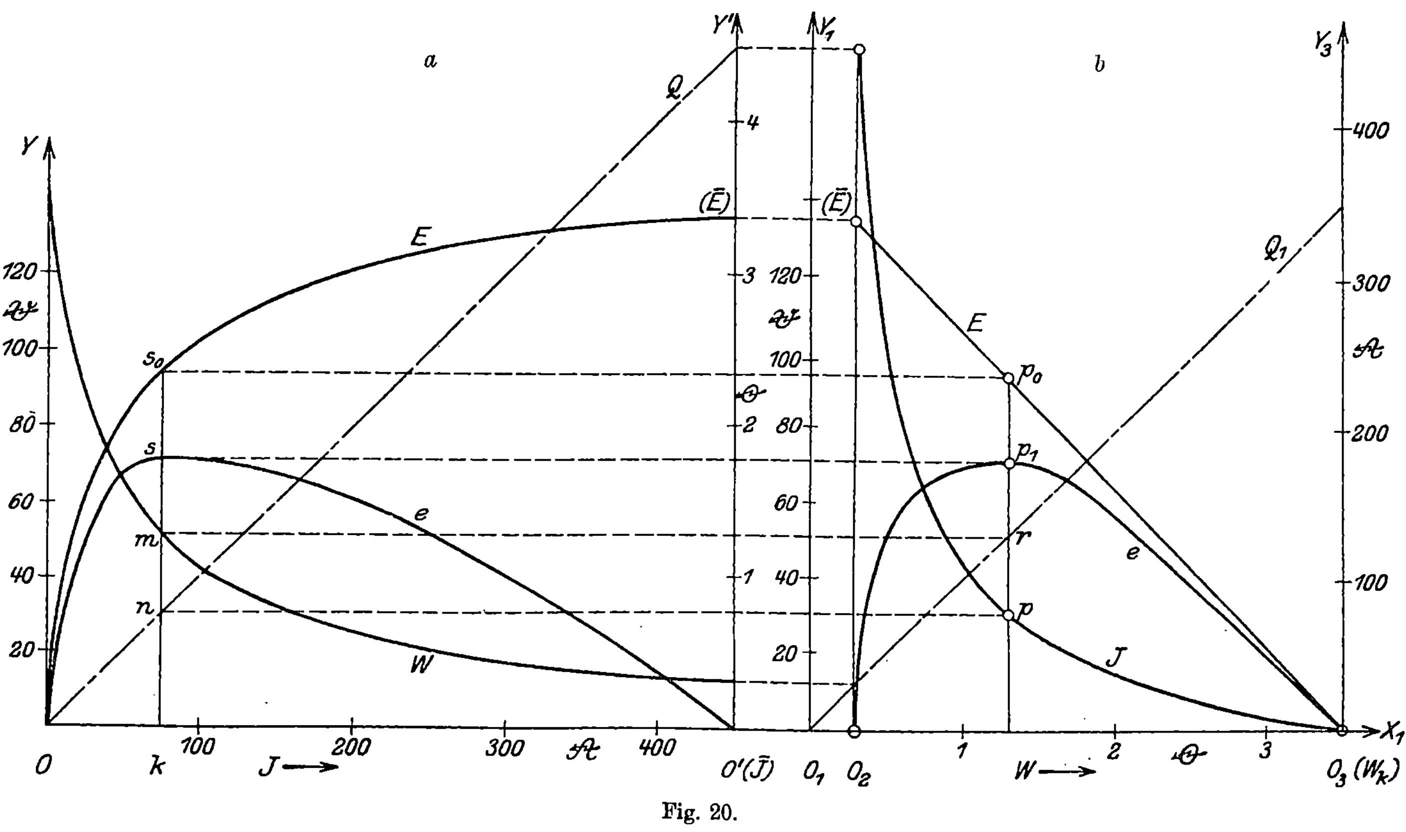

Fig. 20.

Zu der Verzeichnung der $J(W)$-, $E(W)$- und $e(W)$-Kurve, wie sie in Fig. 20 unter a und b dargestellt ist, braucht daher nichts Besonderes bemerkt zu werden. Die Buchstabenbezeichnung ist derjenigen von Fig. 11 möglichst gleich gewählt. Wie man sieht, erscheint die $E(W)$- bzw. $E(w)$-Kurve als gerade gegen die Abszissenachse abfallende Linie, die mit der Ordinate $E = \overline{E}$ für $W = w_0 + w_h \neq O_1\,O_2$ oder $w = 0\,(O_2)$ beginnt und mit $E = 0$ für $W = W_k$ endet. Der geradlinige Verlauf würde streng richtig sein, falls die $W(J)$- und $E(J)$-Kurve gleichseitige Hyperbeln wären. Da das in Wirklichkeit nicht der Fall ist, verläuft die durch den Versuch erhaltene $E(w)$-Linie nur mit einiger Annäherung als abfallende Gerade.

Die Konstruktion der $e(W)$- bzw. $e(w)$-Linie liefert eine gegen $O_1\,X_1$ konkave Kurve, welche in $O_2\,(w = 0)$ mit $e = 0$ beginnend ansteigt, ein Maximum überschreitet und dann gegen $O_1\,X_1$ abfallend mit E zugleich die Abszissenachse schneidet.

Der Verlauf der Kurven für sehr kleine Werte der Stromstärke oder sehr große des Widerstandes bis $W = \infty$ gestaltet sich tatsächlich etwas abweichend von dem oben beschriebenen, ist allerdings für den Betrieb von keiner besonderen Bedeutung. Infolge des remanenten Magnetismus, dessen Vorhandensein für die Selbsterregung unerläßlich ist, besteht auch bei offenem Stromkreise ein Magnetfeld, so daß in diesem Falle die EK nicht, wie vorhin angenommen wurde, Null ist, sondern einen gewissen Wert besitzt. Bei Berücksichtigung desselben schneidet die $E(J)$-Kurve nicht wie in Fig. 19 und 20 die Ordinatenachse im Anfangspunkte O, sondern in dem nahegelegenen Punkte m_0 (s. Fig. 21), und es stellt $O\,m_0 \neq E_r$ die durch den remanenten Magnetismus für $J = 0$ induzierte EK dar. Der

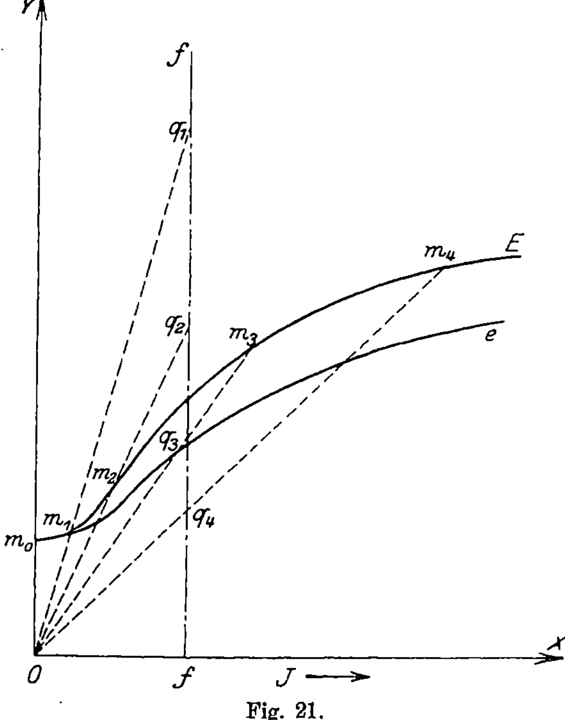

Fig. 21.

anfängliche Teil der in m_0 beginnenden $E(J)$-Kurve ist in der Figur zur Darstellung gebracht[1]).

Konstruiert man nun in der früher beschriebenen Weise für das in Fig. 21 gezeichnete Anfangsstück der $E(J)$-Kurve die Widerstände durch Ermittlung der Schnittpunkte q_1, q_2, q_3, q_4 ..., welche die von O aus gezogenen Strahlen Om_1, Om_2, Om_3 Om_4 ... auf der Maßgeraden ff liefern, so erkennt man folgendes. Beim Übergang von größerem zu kleinerem Werte von E und J, entsprechend den Kurvenpunkten m_4, m_3, m_2, m_1, wachsen die Widerstände fq_4, fq_3, fq_2, fq_1 beständig; aber man kommt dabei nicht wie früher auf einen endlichen Grenzwiderstand, für den $J = 0$ wird. Vielmehr fällt hier der Strahl Om_0 mit der Ordinatenachse zusammen, und dessen Schnittpunkt (q_0) mit ff liegt in unendlicher Entfernung, so daß $W = \infty$ wird. Der Strom gleich $\dfrac{E}{W}$ verschwindet somit tatsächlich erst bei offenem Stromkreise. In diesem Falle muß die Klemmenspannung $e_r = E_r$ sein, d. h. die $e(J)$-Kurve zieht ebenfalls durch m_0 und steigt dann zunächst mit wachsendem J an, bleibt dabei aber unter der $E(J)$-Kurve.

Man erkennt hiernach leicht, daß die in Fig. 20b dargestellten $E(W)$-, $e(W)$- und $J(W)$-Kurven die Abszissenachse nicht im Punkte O_3 für W_k oder w_k wirklich schneiden, sondern derselben hier nur sehr nahe kommen, um bei weiter wachsendem W asymptotisch dagegen zu verlaufen. Im strengen Sinne existiert also ein kritischer Widerstand nicht. Vielmehr tritt an seine Stelle eine eng begrenzte Stufe von Widerständen, von welcher an E, e und J sehr klein werden.

Die Leistungsgrößen zunächst als Funktion der Stromstärke sind in Fig. 22, 23 und 24 verzeichnet. Die Einheiten der Koordinatenlängen sind dieselben wie in Fig. 12 und 13. Dementsprechend ist die Maßgerade ff im Abstande 5 cm von OY gezogen.

---

[1]) Das anfängliche Kurvenstück ist so gezeichnet, daß die EK von $E = E_r \neq Om_0$ an zunächst innerhalb eines äußerst kleinen Stromintervalls eine nur minimale Zunahme erfährt, also nahe konstant bleibt. Die Zunahme verstärkt sich dann unter konvexer Krümmung gegen die Abszissenachse bis zu einem Wendepunkte, dem immer noch sehr kleine Werte von E und J entsprechen. Hieran schließt sich das verzögerte Anwachsen der J-Werte.

Daß der Verlauf ein derartiger ist, haben wohl zuerst O. E. Meyer und F. Auerbach (Wied. Ann. 8, S. 494, 1879) gezeigt. Vermutlich sind die Versuche später von anderen wiederholt. Verf. hat ebenfalls dahingehende Messungen gemacht, die zeigen, daß von $J = 0$ an bis zu einem sehr kleinen Stromwerte die Zunahme von E eine äußerst geringe ist. Für die Richtigkeit des angenommenen $E(J)$-Verlaufs bei sehr kleinen J sprechen indirekt auch andere Erscheinungen des rein magnetischen Gebietes.

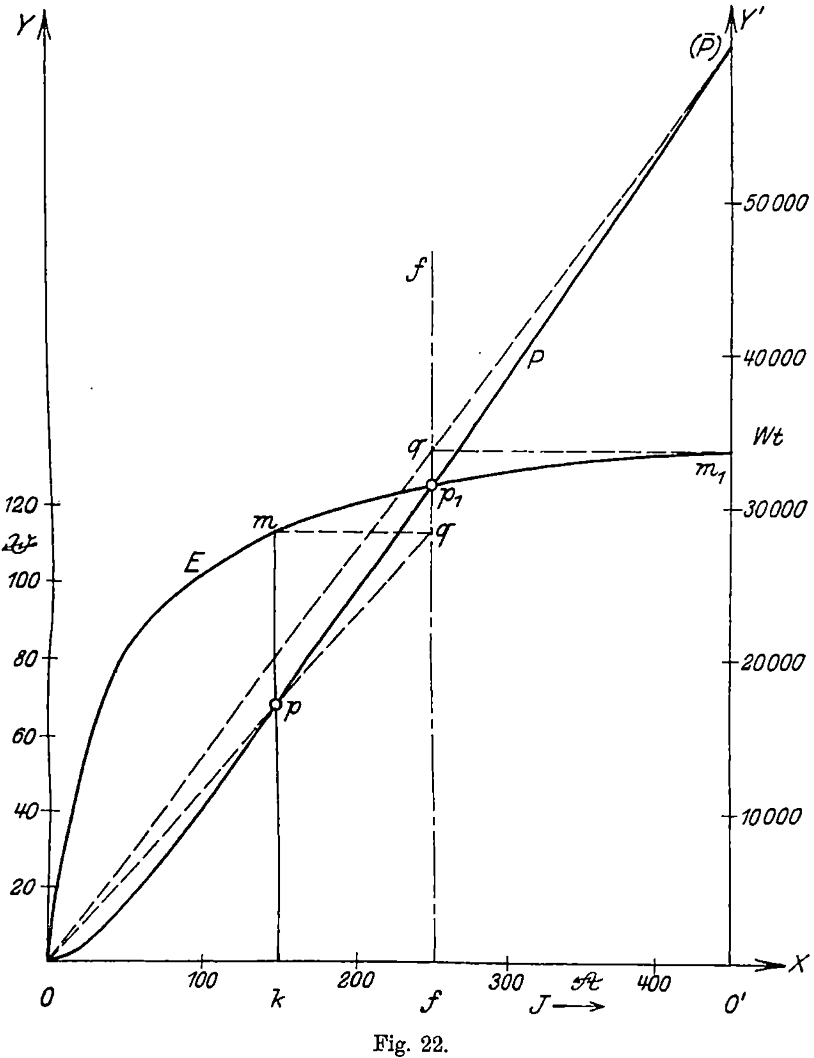

Fig. 22.

Die Gesamtleistung $P = E \cdot J$ wird durch die $P(J)$-Kurve in Fig. 22 dargestellt. Zu dem Ende sind die Ordinatenzahlen der $E(J)$-Kurve $O\,m\,m_1$ mit den zugehörigen Abzissenzahlen J multipliziert. Für $J \neq O\,k$ und $E \neq k\,m$ wird der zugehörige Wert $P \neq k\,p$, wie folgt, erhalten. Man projiziert m auf die Maßgerade $f\,f$ in q und zieht die Gerade $O\,q$, welche $k\,m$ oder deren Verlängerung in dem gesuchten Punkte p schneidet. Denn

$$\frac{kp}{Ok} = \frac{fq}{Of} = \frac{km\,(\text{cm})}{5\,(\text{cm})}$$

oder

$$\frac{kp\,(\text{cm})}{0{,}02 \cdot J} = \frac{0{,}05\,E}{5}$$

$$\frac{kp\,(\text{cm}) \cdot 5}{0{,}02 \cdot 0{,}05} = \frac{kp\,(\text{cm})}{0{,}0002} = E\,(\text{V}) \cdot J\,(\text{A})$$
$$= E \cdot J \ \text{Watt.}$$

Da kp in 0,0002 cm gemessen die Leistung in Wt darstellt, ist auch hier die Länge, die einem Wt entspricht, gleich 0,0002 cm, oder auf der Leistungsskala rechts auf $O'Y'$ bedeuten 2 cm die Leistung von 10000 Wt.

Die Konstruktion sonstiger Punkte führt auf eine durch O ziehende steil ansteigende Kurve von hyperbelähnlichem Verlauf mit konvexer Krümmung gegen OX. Der höchste Wert von $P = \bar{P}$ entspricht dem Kurzschluß $(J = \bar{J})$.

Bei Vernachlässigung der Wirkung der Remanenz mündet die P-Kurve in O tangential in die Abszissenachse ein; im anderen Falle ist die Berührungslinie in O gegen OX unter einem Winkel geneigt, dessen trigonometrische Tangente proportional der EK ist, die bei offenem Stromkreise induziert wird.

Denn aus $\qquad P = E \cdot J$

folgt $\qquad\qquad \dfrac{dP}{dJ} = E + J \cdot \dfrac{dE}{dJ}.$

Für $J = 0$ wird $\quad \left(\dfrac{dP}{dJ}\right) = 0$ falls $E = 0$ ist.

Ist dagegen infolge der Induktion durch den remanenten Magnetismus $E = E_r$ für $J = 0$, da wird hier

$$\left(\frac{dP}{dJ}\right)_0 = E_r.$$

Die äußere oder Nutzleistung wird zeichnerisch durch geometrische Multiplikation von Spannung und Stromstärke erhalten, also nach gleichen Grundsätzen wie P. Fig. 23 stellt die $P_a(J)$- neben der $e(J)$-Kurve dar.

Entspricht $km \neq e$ dem Werte $Ok \neq J$, dann ist kp der zu J gehörige Wert P_a. Der Verlauf der P_a-Kurve ist von demjenigen für P wesentlich verschieden. Erstere geht durch den Anfangspunkt $(P_a = 0$ für $J = 0)$, steigt hierauf zu einem Maximum an und fällt dann wieder ab, um für den Kurzschluß $(J = \bar{J})$ die Abszissenachse zu schneiden.

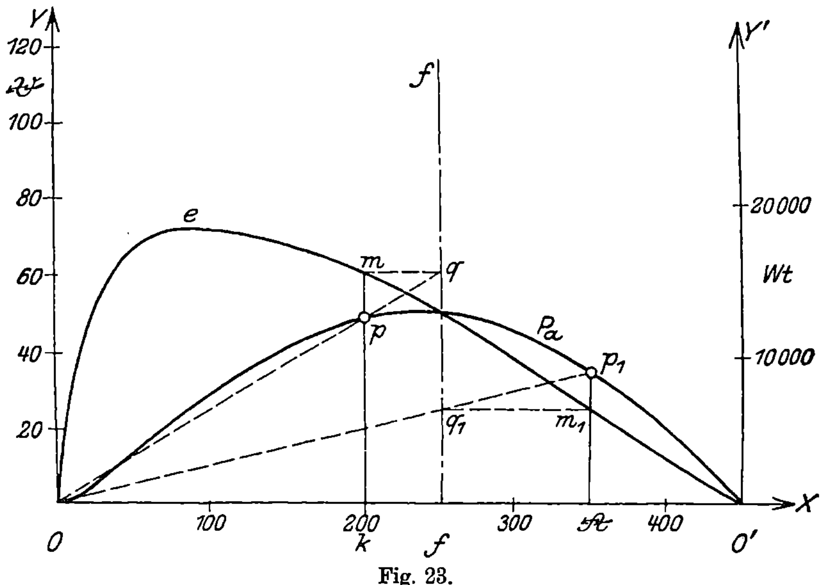

Fig. 23.

Die Kurve ist im ganzen konkav gegen OX gekrümmt mit Ausnahme ihres anfänglichen Teiles von O, der entgegengesetzte Krümmung zeigt. Ihr Verlauf ist unter gleicher Voraussetzung wie bei der P-Kurve in O tangential zu OX, bei Berücksichtigung der Remanenz dagegen ist

$$\left(\frac{d\,P_a}{d\,J}\right)_0 = e_r = E_r\,.$$

In Fig. 24 ist der elektrische Wirkungsgrad $\eta_e = \dfrac{P_a}{P}$ dargestellt.

Die Konstruktion, für die verschiedene Wege offen stehen, ist auf Grund der Beziehung

$$\eta_e = \frac{e}{E}$$

vorgenommen.

Zu J als Abszisse ist die E- und e-Kurve verzeichnet. Für die Werte $J \stackrel{\cdot}{=} Ok$, $E \stackrel{\cdot}{=} kn$, $e \stackrel{\cdot}{=} km$ wird $\eta_e \stackrel{\cdot}{=} kp$ folgendermaßen gefunden.

Die Maßgerade ff wird parallel OX im Abstande 5 cm geführt. Dieselbe möge durch On im Punkte q geschnitten und durch letzteren die Ordinate qs gelegt werden. Man zieht dann die Gerade Om, welche qs in r schneidet. Durch Projektion von r auf kn wird der gesuchte Punkt p gefunden.

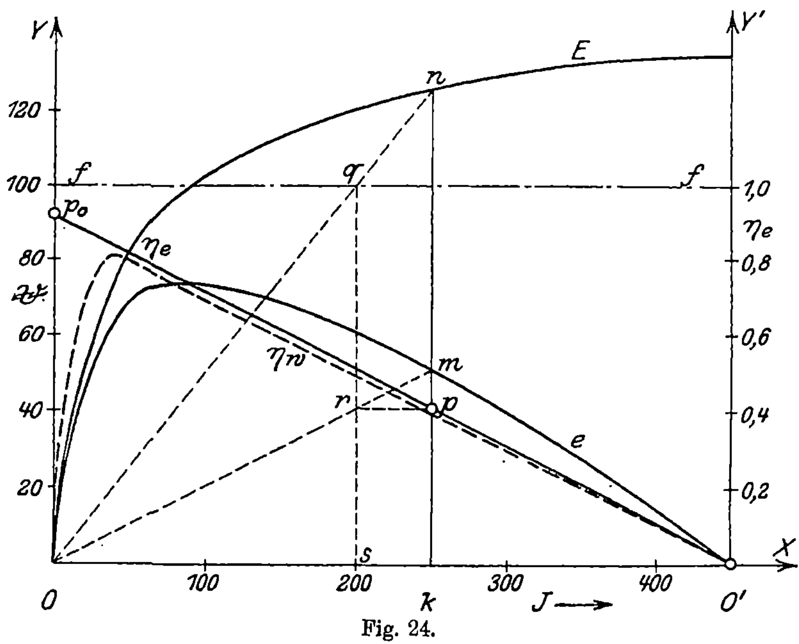

Fig. 24.

Denn es ist

$$\frac{r\,s\,(\mathrm{cm})}{q\,s\,(\mathrm{cm})} = \frac{k\,p\,(\mathrm{cm})}{5\,(\mathrm{cm})} = \frac{k\,m\,(\mathrm{cm})}{k\,n\,(\mathrm{cm})} = \frac{e}{E}$$

$$\frac{k\,p\,(\mathrm{cm})}{5\,(\mathrm{cm})} = \eta_e.$$

D. h. die Längeneinheit für die Darstellung von η_e ist durch die Strecke von 5 cm gegeben. Dementsprechend ist die Skala für η_e auf $O'Y'$ geteilt. Die Zahlen auf OY, die zunächst Volts angeben, liefern zugleich den Wert von η_e in Prozenten ausgedrückt.

Durch Konstruktion weiterer Punkte wird eine gegen OX abfallende η_e-Linie erhalten. Dieselbe würde, wie gezeichnet, genau geradlinig sein, falls die E-Kurve eine gleichseitige Hyperbel wäre. Erstere schneidet für $J = \bar{J}$ (Kurzschluß) die Abszissenachse. Für $J = 0$ wird $E = 0$, $e = 0$ und der Höchstwert $\eta_e = \bar{\eta}_e \neq O\,p_0$ nahe gleich Eins. Letzterer bestimmt sich durch folgende Überlegung:

Rücken m und n nach O, so werden die Sehnen Om und On zu Tangenten, die sich indessen nicht genau decken.

Da $$\bar{\eta}_e = \frac{e}{E} = \frac{E - J(w_0 + w_h)}{E},$$

erkennt man, daß im Grenzfalle $J = 0$

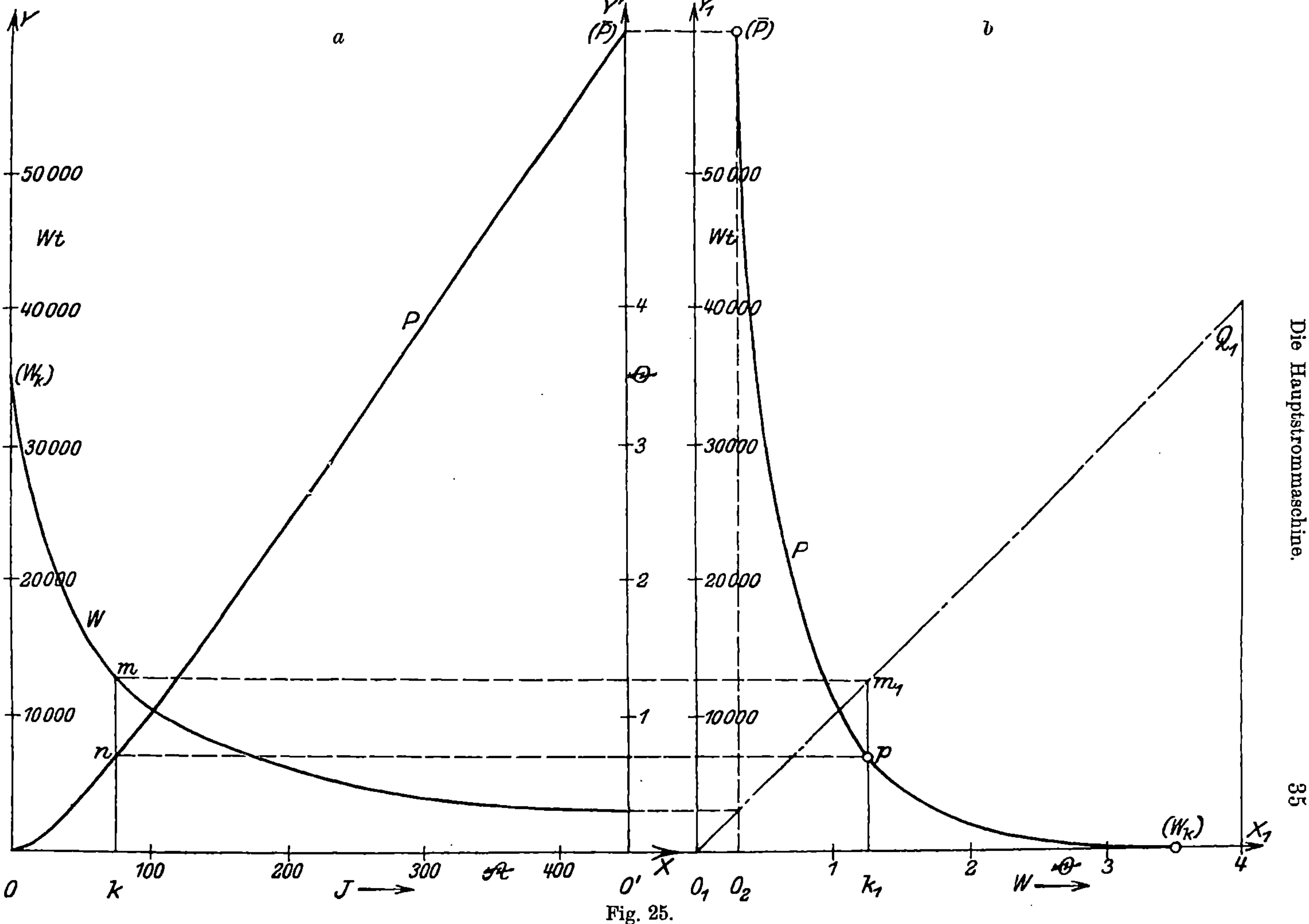
Y
a
v
Y'
(P)
Y₁
(P̄)
50000
Wt
40000
P
(Wₖ)
Θ
30000
4
3
Wt
50000
40000
Q₁
P
30000
20000
W
m
2
20000
m₁
10000
1
10000
p
n
3*
(Wₖ)
X₁
0
k
100
200
J ⟶
300
R
400
O'
X
O₁ O₂
1
k₁
2
W ⟶
Θ
3
4
Die Hauptstrommaschine.
35
Fig. 25.

Y
a
(Wₖ)
W
20000
Wt
Pa
n
m
10000
0
100
k
200
J
300
400
O'
X
Y'
4
Θ
3
2
20000
1
10000
b
Y₁
Q₁
20000
10000
p
m₁
Pa
(Wₖ)
X₁
O₁ O₂
k₁
1
W
2
Θ
3
4

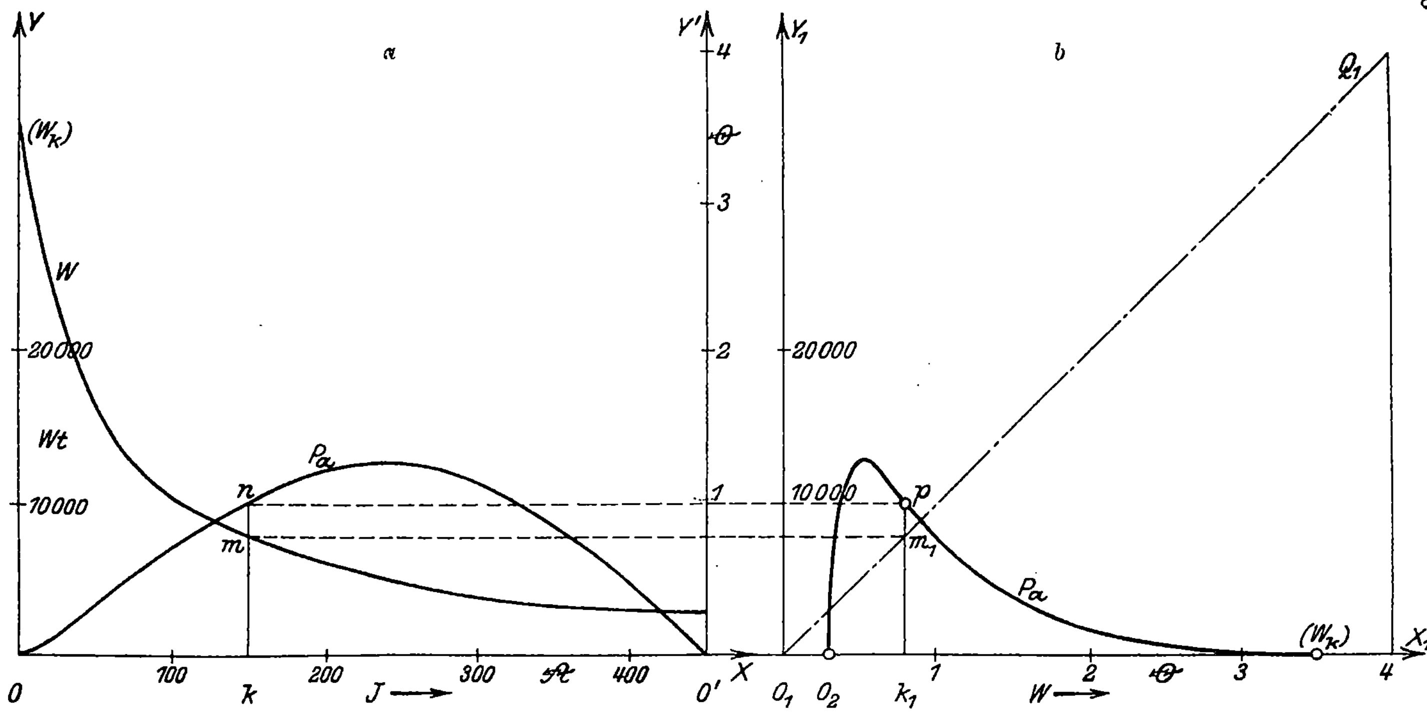

Fig. 26.

$$\eta_e = \lim (\eta_e) = \frac{(d\,e/d\,J)_0}{(d\,E/d\,J)_0} = \frac{(d\,E/d\,J)_0 - (w_0 + w_h)}{(d\,E/d\,J)_0}$$

oder
$$\overline{\eta}_e = 1 - \frac{w_0 + w_h}{(d\,E/d\,J)_0}.$$

Es stellt aber $(d\,E/d\,J)_0$ den kritischen Gesamtwiderstand dar, so daß

$$\overline{\eta}_e = 1 - \frac{w_0 + w_h}{W_k} = \frac{w_k}{w_0 + w_h + w_k}.$$

Gleiche Überlegungen wie diejenigen zu Fig. 14 führen zu einem Verlauf des wirtschaftlichen Wirkungsgrades η_w, der durch die gestrichelte Kurve dargestellt ist.

Bei Berücksichtigung des remanenten Magnetismus wird nach Seite 30 für $J = 0$ $e_r = E_r$, also

$$\overline{\eta}_e = 1.$$

Die Abhängigkeit der Arbeitsgrößen vom Widerstande ist in Fig. 25, 26 und 27 dargestellt. Die Ermittlung der $P(W)$- und $P_a(W)$-Kurve [bzw. $P(w)$ und $P_a(\mathrm{w})$] ist nach gleichem Prinzip wie in Fig. 15 und 16 erfolgt, so daß die Konstruktion keiner weiteren Erläuterung bedarf. Die $P(W)$-Kurve (Fig. 25 b) beginnt mit dem Höchstwerte $P = \overline{P}$ für die Abszisse $O_1\,O_2 \neq w_0 + w_h$, fällt konvex gegen die Abszissenachse ab und endet tangential zu $O_1\,X_1$ mit $P = 0$ beim Werte des kritischen Widerstandes W_k.

Die $P_a(W)$-Kurve (Fig. 26 b) beginnt mit $P_a = 0$, $W = w_0 + w_h$ $\neq O_1\,O_2$, steigt konkav gegen $O_1\,X_1$ steil zu einem Maximum an, um dann unter größtenteils konvexer Krümmung gegen $O_1\,X_1$ und tangential zu $O_1\,X_1$ mit $P_a = 0$, $W = W_k$ zu enden. Bei Berücksichtigung der Remanenz kommen für eine kleine Werteregion um W_k die P- und P_a-Kurve nur der Abszissenachse sehr nahe, ohne in diese einzumünden. In Wirklichkeit findet asymptotische Annäherung an letztere statt.

Der elektrische Wirkungsgrad ist als Funktion von W bzw. w, in Fig. 27 dargestellt auf Grund der Beziehung

$$\eta_e = \frac{w}{w_0 + w_h + w}.$$

Von O aus ist der Gesamtwiderstand $W = w_0 + w_h + w$, von O_1 aus der äußere Widerstand w als Abszissen abzumessen. Parallel OY ist im Abstande von 5 cm, der als Einheit für η_e gelten soll, die Maßgerade ff, unter 45^0 gegen die Achsen die Gerade $O_1\,Q$ gezogen.

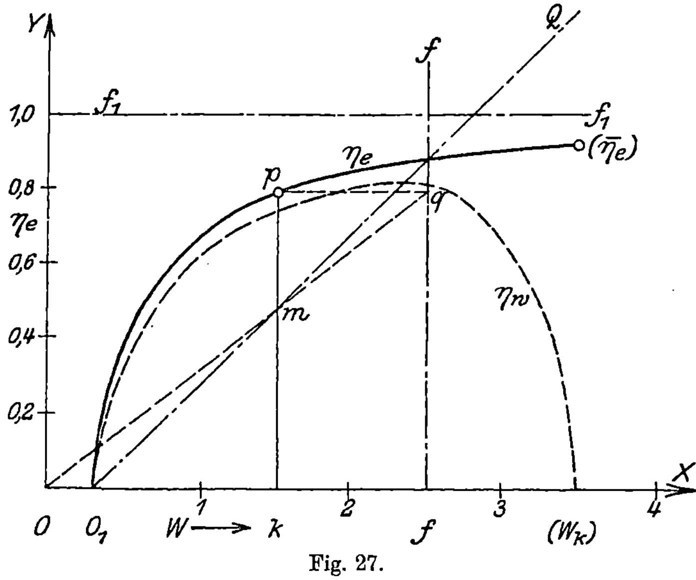

Fig. 27.

Um für $O_1 k \neq w$ die zugehörige Ordinate $kp \neq \eta_e$ zu erhalten, ziehe man die Ordinatenlinie km bis zum Schnittpunkt m mit $O_1 Q$, so daß $km = O_1 k$ ist. Man verzeichnet dann die Gerade Om, die ff in q schneidet, und projiziert letzteren Punkt in p auf km. Offenbar ist p ein Punkt der $\eta_e(W)$- bzw. $\eta_e(w)$-Kurve.

Denn es ist

$$\frac{fq\,(\mathrm{cm})}{Of\,(\mathrm{cm})} = \frac{kp\,(\mathrm{cm})}{5\,\mathrm{cm}} = \frac{km\,(\mathrm{cm})}{Ok\,(\mathrm{cm})} = \frac{O_1 k\,(\mathrm{cm})}{Ok\,(\mathrm{cm})},$$

somit

$$\frac{kp\,(\mathrm{cm})}{5\,\mathrm{cm}} = \frac{O_1 k\,(\mathrm{cm})}{Ok\,(\mathrm{cm})} = \frac{w}{w_0 + w_h + w} = \eta_e.$$

Die Konstruktion weiterer Punkte führt auf eine gleichseitige Hyperbel, die von $O_1 (w = 0)$ bei konkaver Krümmung gegen OX unter verzögertem Wachsen der Ordinaten ansteigt und sich asymptotisch einer Geraden $f_1 f_1$ im Abstande 1 (η_e-Maß) von OX annähert. Die Kurve hat indessen zunächst nur Bedeutung bis zum Werte des kritischen Widerstandes W_k. Hier wird in Übereinstimmung mit den Ausführungen auf S. 37 der Höchstwert

$$\bar{\eta}_e = \frac{w_k}{w_0 + w_h + w_k}.$$

Bei Berücksichtigung der Remanenz ist $w_k = \infty$ zu setzen, so daß in diesem Falle $\bar{\eta}_e = 1$ wird.

Der Verlauf des wirtschaftlichen Wirkungsgrades η_w ist durch die gestrichelte Kurve dargestellt.

3. Die Nebenschlußmaschine.

Die Schaltung der Nebenschlußmaschine ist in Fig. 28 dargestellt. Es bezeichnet

E die EK des Ankers,

e die Klemmenspannung,

J_0 die Stromstärke im Anker,

J_n diejenige in der Nebenschlußwicklung,

J diejenige in der äußeren Leitung,

w_0 den Widerstand des Ankers,

w_n denjenigen der Nebenschlußwicklung,

w denjenigen der äußeren Leitung.

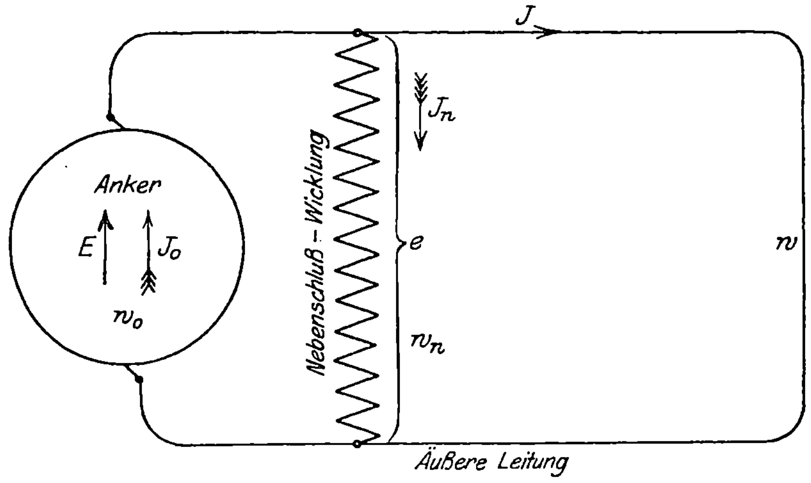

Fig. 28.

Grundlegend ist auch hier die Charakteristik der elektromotorischen Kraft. Statt deren Ordinaten E auf J_n als Abszissen zu beziehen, erscheint es im Interesse der Übersichtlichkeit zweckmäßiger, als Abszissen die J_n proportionale Klemmenspannung $e = J_n \cdot w_n$ zu zu wählen. Eine entsprechende Darstellung ist in Fig. 29 gegeben. Die Höchstwerte der Spannung und der EK, wie sie bei offenem Kreise auftreten, seien durch $\overline{e}$ und $\overline{E}$ bezeichnet. Für Kurzschluß werden e und E zu Null. Die Gerade OB ziehe man unter einem Winkel von 45° gegen OX, so daß für irgendeine Abszisse $OC_1 \neq e$ auch $B_1 C_1 \neq e$ und $A_1 C_1 \neq E$ ist.

Die Ordinatenabschnitte $A_1 B_1$ zwischen der Geraden und der E-Kurve stellen den Spannungsabfall im Anker dar.

Denn es ist
$$A_1 B_1 = A_1 C_1 - B_1 C_1$$
$$\neq E - e = e_i = J_0 w_0 .$$

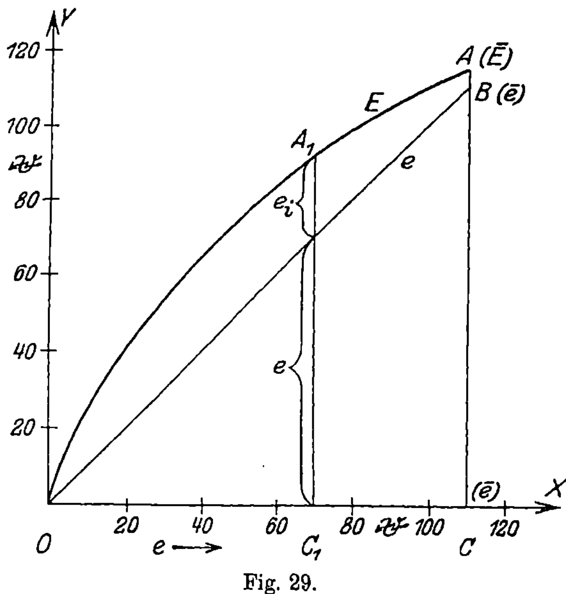

Fig. 29.

In Fig. 30 liefert die mit e_i bezeichnete Kurve die Werte des Spannungsabfalls als Funktion von e in gewöhnlicher Weise als Ordinatenwerte, die von der Abszissenachse aus abgetragen sind.

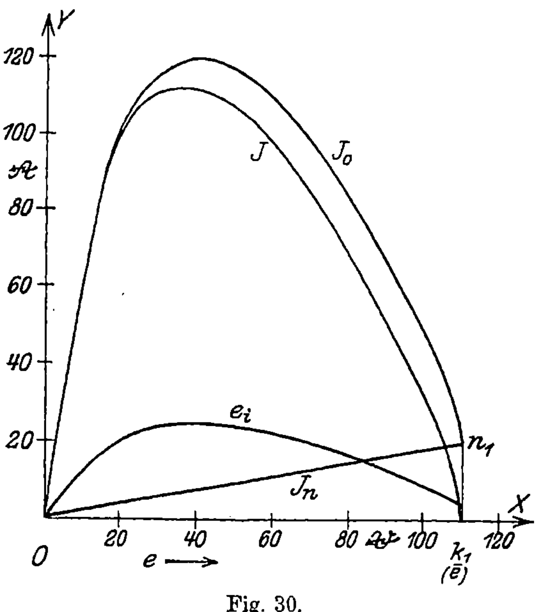

Fig. 30.

Aus $e_i = J_0 w_0$ ergibt sich ohne weiteres der Ankerstrom J_0 durch Division mit w_0. Dieselbe könnte graphisch mittels der $e_i\,(e)$-Kurve vorgenommen werden. Doch ist es vorzuziehen, von den für die Charakteristik $E(e)$ als gegeben anzusehenden Zahlen auszugehen, $E - e$ zu berechnen und durch w_0 zu dividiren. Man erhält so die $J_0\,(e)$-Kurve (Fig. 30) mit konkaver Krümmung gegen die Abszissenachse. Dieselbe steigt von $e = 0$, $J_0 = 0$ aus steil an, überschreitet ein Maximum und fällt dann ab bis zu dem Werte $k_1 n_1$, der dem Höchstwerte der Spannung $\bar{e}$, d. h. dem offenen Stromkreise, entspricht. Da in diesem Falle J_0 gleich dem Nebenschlußstrome ist, stellt $k_1 n_1$ auch den Höchstwert von $J_n = \bar{J}_n$ dar. Zieht man daher die Gerade On_1, so stellen deren Ordinaten die Werte des Nebenschlußstromes als Funktien der Spannung dar.

Die Kurve für den äußeren Strom $J = J_0 - J_n$ ergibt sich durch die Ordinatendifferenz der $J_0(e)$- und $J_n(e)$-Linie. Dieselbe ist gleichfalls in Fig. 30 verzeichnet. Die Kurve verläuft unter konkaver Krümmung gegen OX ähnlich wie diejenige für J_0 unter letzterer. Sie steigt vom Anfangspunkte aus steil an, überschreitet ein Maximum und fällt dann zur Abszissenachse ab, um in dieser mit $J = 0$ für $e = \bar{e}(w = \infty)$ zu enden. Das Maximum von J liegt bei einem etwas kleineren Werte von e als dasjenige von J_0. Das wirkliche Verhalten bei Kurzschluß bzw. sehr kleinem äußeren Widerstande ist infolge der Remanenz ein etwas anderes (s. w. u.).

Da die Klemmenspannung $e = J_n w_n$ ist, so geben die bisher verzeichneten Kurven auch ohne weiteres ein Bild von der Abhängigkeit der einzelnen Größen vom Nebenschlußstrome. Der Abszissenmaßtab ist zu dem Zweck nur im Verhältnis $1 : w_n$ größer zu nehmen.

Die Abhängigkeit der elektromotorischen Kraft sowie der Spannung vom äußeren Strome ergibt sich in folgender Weise.

Die in Fig. 30 verzeichnete $J(e)$-Kurve stellt auch die $e(J)$-Kurve dar. Indem man erstere so umlegt, daß J als Abszisse, e als Ordinate erscheint, erhält man in gewöhnlicher Darstellang die Spannung in Abhängigkeit vom äußeren Strome, wie sie in Fig. 31 unter a verzeichnet ist.

Die Kurve geht, wenn man von dem Einflusse der Remanenz absieht, durch den Anfangspunkt des Koordinatensystems. Von O aus steigt dieselbe dann zunächst unter konvexer Krümmung gegen OX an, wird aber für den Maximalwert $J = \bar{J}$ rückläufig unter konkaver Krümmung gegen OX und zeigt dabei weiter zunehmende Ordinaten. Der obere Ast, der fast allein für den praktischen Betrieb in Frage kommt, endet für $J = 0$ (offener Kreis) mit dem Höchstwerte $e = \bar{e}$.

Über den Verlauf in der Nähe von O, wie er tatsächlich unter Berücksichtigung des remanenten Magnetismus entsteht, s. w. u.

Um die Kurve für die EK zu verzeichnen, hat man zu jeder e-Ordinate der Fig. 31a den Spannungsabfall $J_0 w_0 = e_i$ hinzuzufügen. Das kann in folgender Weise konstruktiv vorgenommen werden.

Man legt in Fig. 31 neben das Koordinatensystem XOY ein zweites $X_1 O_1 Y_1$ unter b, dessen X_1-Achse in die Verlängerung von OX fällt. In das System $X_1 O_1 Y_1$ wird die Kurve $E(e)$ und die unter 45^0 gegen $O_1 X_1$ geneigte Gerade $O_1 Q_1$ eingetragen, wie dieses bereits in Fig. 29 geschehen ist. Durch den beliebigen Punkt m der $e(J)$-Kurve unter a wird zu OX eine Parallele gezogen, die $O_1 Q_1$ unter b in n schneidet. Der Ordinatenabschnitt nr stellt alsdann den Spannungsabfall $J_0 w_0$ dar. Dieser wird unter a zu $e \neq km$ addiert, indem man $rp \parallel OX$ zieht bis zum Schnitt p mit der verlängerten Ordinate km. Offenbar ist $kp \neq E$ die zu $Ok \neq J$ gehörige Ordinate. Die Ermittlung von weiteren Punkten führt zu der in Fig. 31a verzeichneten $E(J)$-Charakteristik. Dieselbe verläuft ähnlich wie die e-Kurve, liegt aber über derselben und zieht mit letzterer durch den Anfangspunkt O. Die $e(J)$- somit auch die

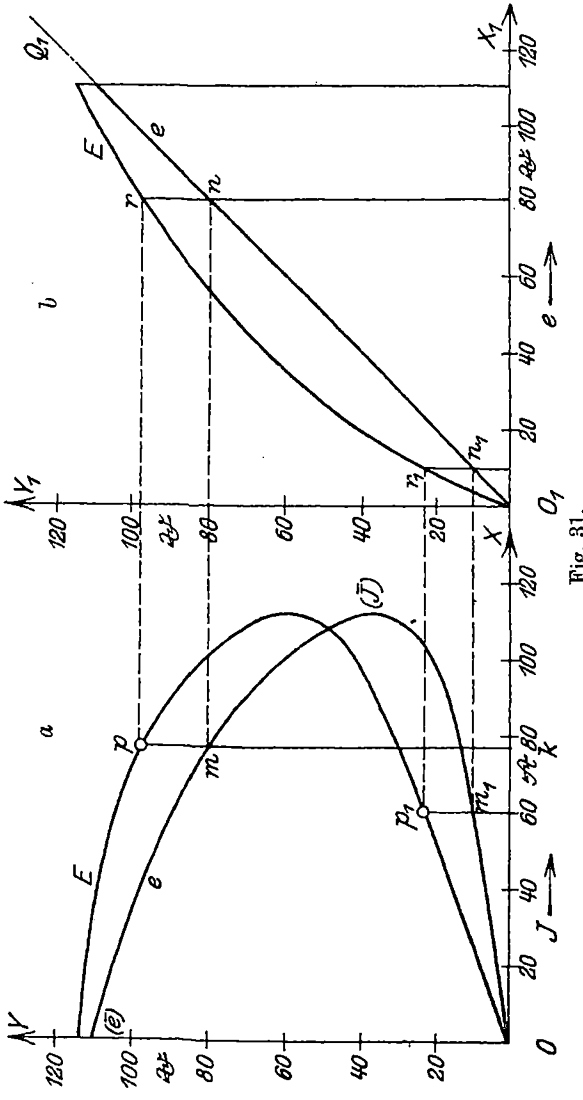

$E(J)$-Kurve verlaufen in O nicht tangential zur Abszissenachse.

Da die Abhängigkeit der EK von der Ankerstromstärke später bei der Darstellung der elektrischen Leistung Verwendung findet, ist in Fig. 32 die $E(J_0)$- außerdem die $e(J_0)$-Kurve verzeichnet. Unter

32a ist letztere dargstellt, wie sie sich aus Fig. 30 durch einfaches Umlegen der $J_0(e)$-Kurve ergibt. Unter 32b ist nochmals das Bild 29 oder 31b gezeichnet. Da die Ableitung der $E(J_0)$-Kurve nach gleichem Prinzip erfolgt wie diejenige der $E(J)$-Kurve in Fig. 31, so bedarf die Konstruktion keiner weiteren Erläuterung. Wie Fig.32 naturgemäß zum Ausdruck bringt, verlaufen die $E(J_0)$- und $e(J_0)$-Kurven ähnlich denen für $E(J)$ und $e(J)$, endigen jedoch im rückläufigen Aste nicht in OY, sondern für $J_0 = \overline{J}_n$, den Höchstwert des Nebenschlußstromes bei offenem Kreise.

Die Abhängigkeit der EK und der Spannung vom äußeren Widerstande w ist in Fig. 33 konstruiert und dargestellt. Zunächst sind unter 33a die vorhin ermittelten Kurven $e(J)$ und $E(J)$ im System XOY verzeichnet. Daneben liegt mit gleicher Abszissenachse das System $X_1 O_1 Y_1$, in dem die Werte von w als

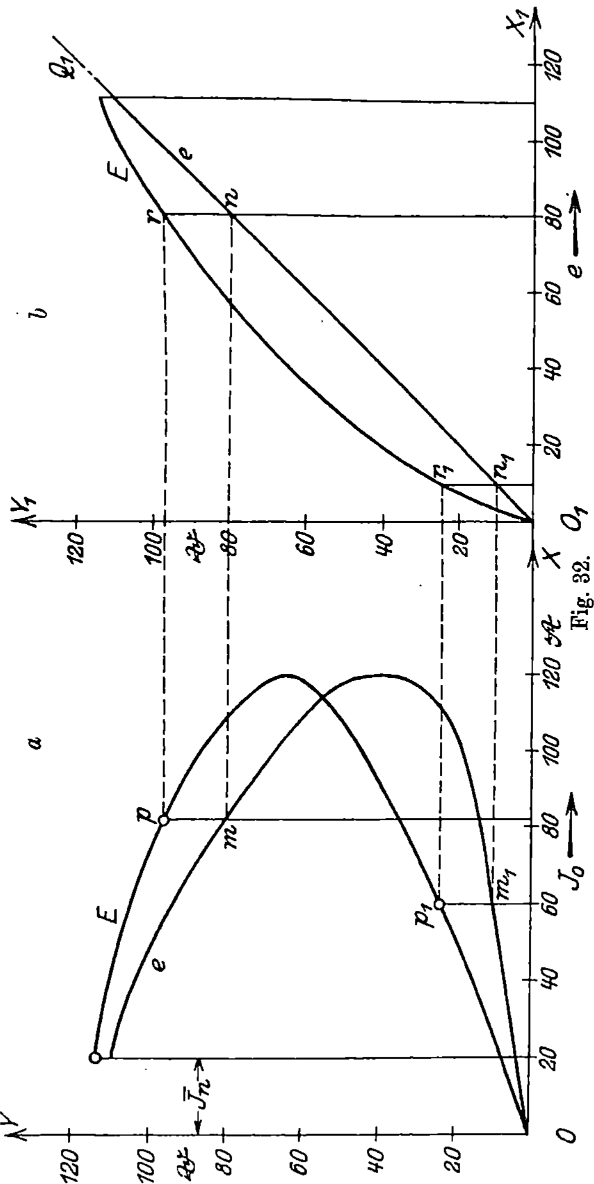

Abszissen abgetragen sind. Aus der $e(J)$-Kurve ergibt sich die für $e(w)$, wie folgt.

Unter b ist $O_1 Q_1$ unter 45^0 Neigung gegen $O_1 X_1$, unter a die

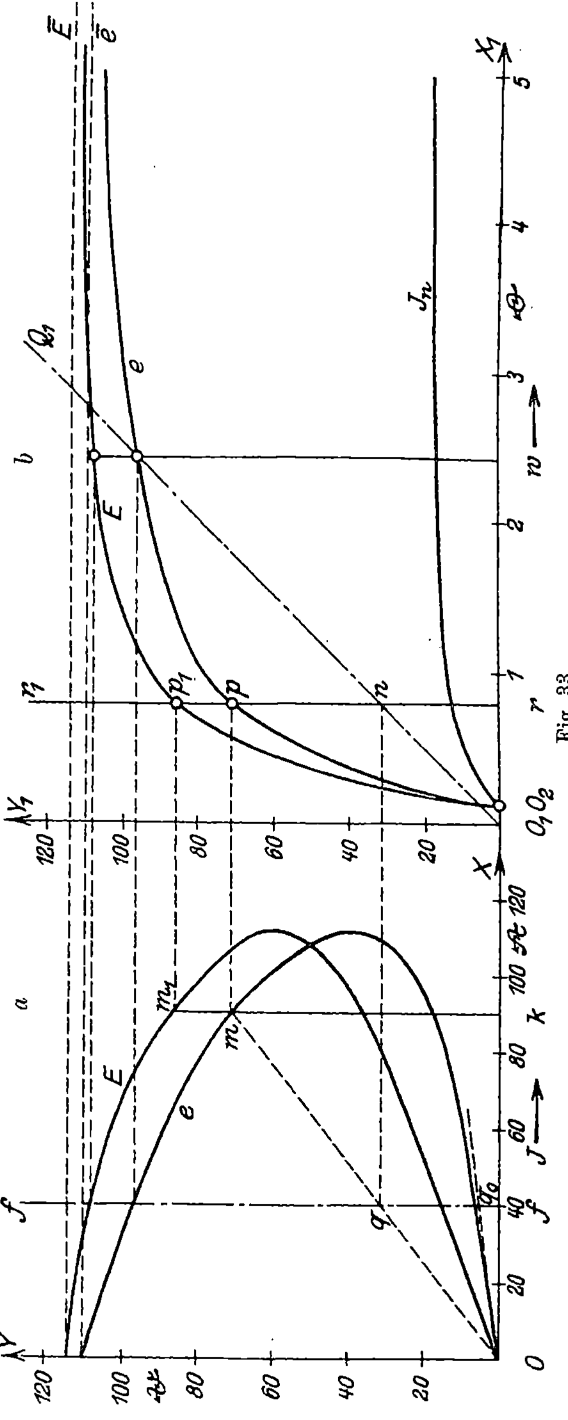

Maßgerade $ff \parallel OY$ in einem Abstande von 2 cm, der 1 Ω darstelle, gezogen. Den beliebigen Punkt m der $e\,(J)$-Kurve verbinde man mit O, wodurch der Schnittpunkt q mit ff erhalten werde. Durch letzteren zieht man eine Parallele zu OX, welche O_1Q_1 in n schneide, und legt durch n eine Ordinatenlinie rr_1. Projiziert man auf letztere in p den Punkt m, dann sind $O_1 r \pm w$ und $rp \pm e$ zusammengehörige Werte.

Denn

$$O_1 r = fq$$
$$\frac{fq\,(\mathrm{cm})}{Of\,(\mathrm{cm})} = \frac{mk\,(\mathrm{cm})}{Ok\,(\mathrm{cm})} =$$
$$\frac{e \cdot 0{,}05}{J \cdot 0{,}05} = \frac{e}{J},$$

da in der Zeichnung 1 V und 1 A durch 0,05 cm dargestellt ist.

Da $\dfrac{e}{J} = w$, [muß

$$\frac{fq\,(\mathrm{cm})}{Of\,(\mathrm{cm})} = \frac{fq\,(\mathrm{cm})}{2\,(\mathrm{cm})}$$

auch die Zahl für den Widerstand ergeben. Das ist in der Tat der Fall. Denn $fq = O_1 r$ in der Maßeinheit von 2 cm gemessen, der die Abszissenskala unter b entspricht, liefert den zu e und J gehörenden Wert von w.

Läßt man m dem Anfangspunkte O unendlich nahe kommen, im Grenzfalle damit zusammenfallen, so daß $e = 0$ und Oq zur Tangente Oq_0 wird, dann ist der Widerstand nicht etwa Null, sondern proportional

$$fq_0 = O_1O_2 \gtrless w_k.$$

Dieser Wert mag als der „kritische Widerstand" der Nebenschlußmaschine bezeichnet werden. Eine Spannung beginnt hiernach erst dann aufzutreten, wenn der kleine äußere Widerstand den Wert w_k überschritten hat. Die Konstruktion sonstiger Punkte führt auf die $e(w)$-Kurve, welche ähnlich einer gleichseitigen Hyperbel verläuft. Dieselbe beginnt in O_2 mit $w = w_k$, $e = 0$ und steigt dann mit verzögert wachsenden Ordinaten konkav gegen O_1X_1 an. Die Kurve nähert sich asymptotisch einer Parallele zu O_1X_1, gezogen im Abstande entsprechend $e = \bar{e}$.

Zur Verzeichnung der $E(w)$-Kurve werde zunächst die zu $J \gtrless Ok$ gehörige Ordinate $E \gtrless km_1$ ins Auge gefaßt. Man projiziert m_1 auf rr_1 in p_1 und ersieht ohne weiteres, daß rp_1 unter b die zu $w \gtrless O_1r$ gehörige E-Ordinate darstellt.

Das Verfahren, auf sonstige Punkte angewandt, führt auf eine der $e(w)$- ähnlich laufende $E(w)$-Kurve. Letztere liegt im ganzen über der ersteren, schneidet mit dieser in O_2, d. i. für $w = w_k$, die Abszissenachse und nähert sich asymptotisch einer Parallelen zu O_1X_1, so daß im Grenzfalle $E = \bar{E}$ für $w = \infty$ wird.

Es mag noch die Abhängigkeit des äußeren Stromes vom äußeren Widerstande dargestellt werden. Die betreffende $J(w)$-Kurve ist in Fig. 34 unter b verzeichnet und, wie folgt, aus der gleichfalls verzeichneten $e(J)$-Kurve unter a abgeleitet.

Die Maßgerade ff ist parallel OY gezogen im Abstande von 2 cm, der die Länge für 1 $\mathcal{O}$ darstellen soll, die Geraden OQ und O_1Q_1 verlaufen unter 45^0 Neigung. Zu $Ok \gtrless J$, $km \gtrless e$ ergibt sich der äußere Widerstand w durch Ziehen von Om proportional $fq = O_1r$ wie im vorigen Falle. Da $kn = Ok \gtrless J$ ist, wird die zu O_1r gehörige Ordinate rp durch Projektion des Punktes n auf die durch r gezogene Ordinatenlinie erhalten. Die Konstruktionslinien sind in der Figur außerdem gezogen für die Punkte m_1 (Maximum von J) und O. Letzterem entspricht wie in Fig. 33 der O_1 nahe gelegene Punkt O_2 $(O_1O_2 \gtrless w_k)$.

Die durch Aufsuchen weiterer Punkte festgelegte $J(w)$-Kurve steigt unter konkaver Krümmung gegen O_1X_1 von O_2 aus steil an, überschreitet ein Maximum, hierauf einen Wendepunkt und fällt dann langsamer bei konvexer Krümmung gegen die Abszissenachse ab, um

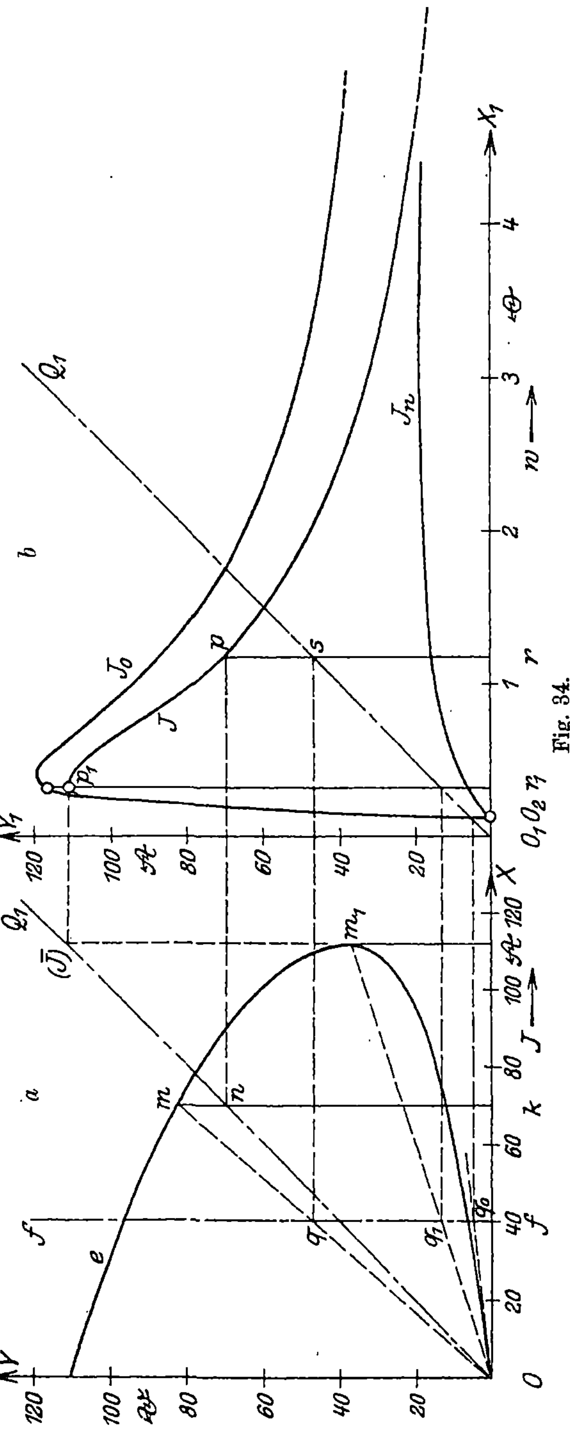

sich derselben asymptotisch zu nähern. Dieser abfallende Teil ist derjenige, der für den praktischen Betrieb in Betracht kommt.

In Fig. 34b ist auch die $J_0\,(w)$-Kurve verzeichnet. Dieselbe ergibt sich dadurch, daß zu jeder J-Ordinate der Nebenschlußstrom J_n addiert wird. Letzterer ist daher nach Fig. 33b ebenfalls eingetragen. Die $J_0(w)$-Kurve verläuft ähnlich derjenigen für $J(w)$ über letzterer. Sie beginnt in O_2, überschreitet ein etwas nach rechts verschobenes Maximum und nähert sich abfallend asymptotisch einer Parallele zu $O_1 X_1$, deren Ordinaten den Höchstwert des Nebenschlußstromes darstellen.

Der anfängliche Verlauf der Kurven, wie er in den Figuren 29 bis 34 zur Darstellung gebracht ist, erfährt Änderungen durch den Einfluß des remanenten Magnetismus, der oben nicht berücksichtigt wurde. Die $E\,(e)$- bzw. $E(J_n)$-Kurve in Fig. 29 hat bei minimalen Abszissenwerten tatsächlich ein Aussehen, wie es in Fig. 35 dargestellt ist. Ohne Erregung, also für $J_n = 0$, $e = 0$ hat infolge des remanenten Magnetismus der Induktionsfluß und damit die EK einen gewissen endlichen Wert E_r. Mit zunehmendem e oder J_n bleibt zunächst E fast konstant gleich E_r, steigt allerdings in Wirklichkeit zunächst für ein sehr kleines Abszissenintervall äußerst langsam, erfährt dann aber innerhalb eines gewissen kleinen Wertegebietes von e oder J_n eine rapide Steigerung, wie das in Fig. 35 der Form nach dargestellt ist. Die Spannungslinie e bleibt wie in Fig. 29 eine unter 45^0 geneigte Gerade, die durch den Anfangspunkt geht.

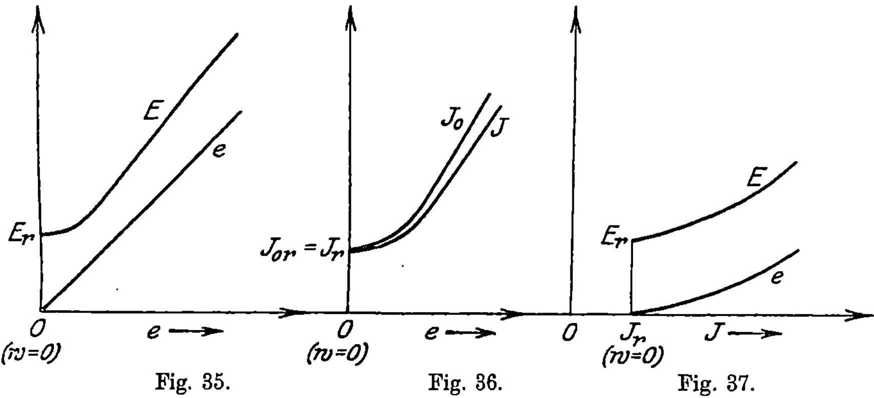

Fig. 35.   Fig. 36.   Fig. 37.

Die Abhängigkeit des äußeren und des Ankerstromes von der Spannung oder dem Nebenschlußstrome zeigt im anfänglichen Verlauf Fig. 36. Man gelangt zu derselben, wenn man die für Fig. 30 auf Grund von 29 gegebene Konstruktion (s. S. 41 bis 48) hier auf Grund von Fig. 35 widerholt. Für $e = 0$, $J_n = 0$ (Kurzschluß) ist der Anker- und der äußere Strom nicht Null, sondern hat infolge der Remanenz einen gewissen endlichen Wert $J_{0r} = J_r$. Von diesem Anfangswerte steigen J_0 und J zunächst langsam, dann stark an. Letzteres beginnt in der Wertregion von e oder J_n, in der auch das starke Ansteigen von E eintritt.

Fig. 37 als Ergänzung zu Fig. 31 a stellt den anfänglichen Verlauf der $E(J)$- und $e(J)$-Kurve dar. Bei Kurzschluß werden, wie vorhin erkannt wurde, E und J nicht gleich Null, sondern erhalten gewisse kleinste Werte E_r und J_r. Die E-Kurve beginnt daher mit den Koordinaten J_r und E_r, während für J_r die Spannung Null sein muß.

Wesentlich gleichartige Überlegungen gelten für den Beginn der $E(J_0)$- und $e(J_0)$-Kurve, der mit denen der Fig. 37 sehr nahe übereinstimmt.

Führt man die in Fig. 33 b gegebene Zeichnung für den anfäng-

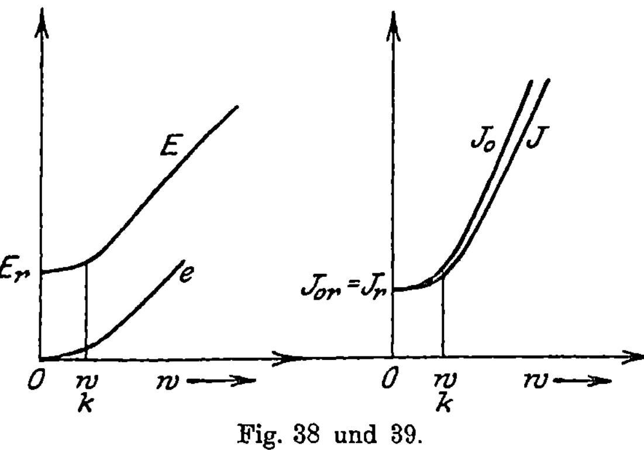

Fig. 38 und 39.

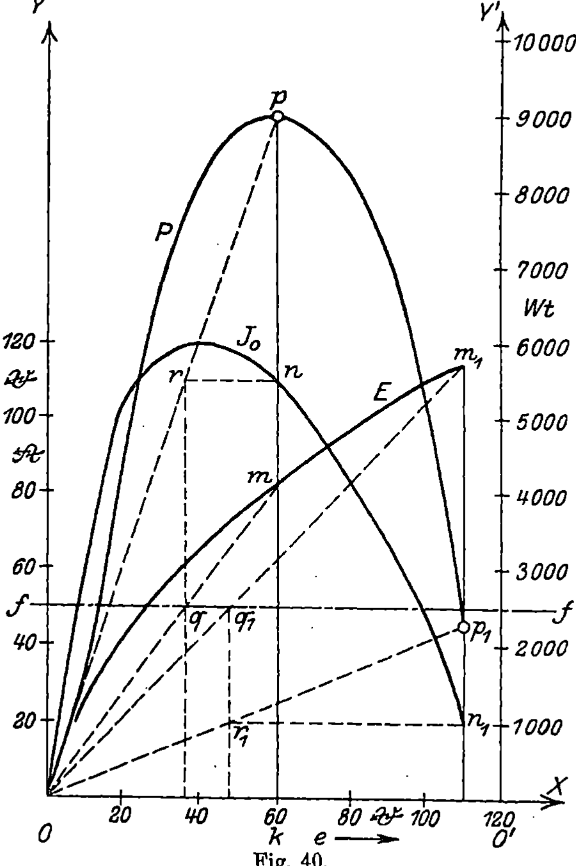

Fig. 40.

lichen Teil der Kurven auf Grundlage von Fig. 37 statt 33a aus, so erhält man das Bild in Fig. 38. Die $E(w)$- und $e(w)$-Kurve schneiden die Abszissenachse nicht für den Wert des kritischen Widerstandes, sondern erstere liefert für $w = 0$ die EK $= E_r$, letztere die Spannung Null. Im strengen Sinne existiert daher der kritische Widerstand w_k nicht. Doch ist das Verhalten der Maschine von dem in Fig. 33 dargestellten wenig verschieden, da bis zu einer Region von Werten in der Nähe eines gewissen kleinen Widerstandes EK und Spannung minimal sind und erst von dieser Region an ein starkes Anwachsen zeigen.

Die für Fig. 34 angestellten Überlegungen, wiederholt bei Berücksichtigung der Remanenz, führen auf Fig. 39. Es verschwindet J ebenso J_0 nicht für $w = w_k$, sondern für $w = 0$ erhält J den Wert $J_r = J_{0r}$. Bei zunehmendem w wächst zunächst der Strom langsam um von der Wertregion um w_k an stark anzusteigen.

Die Kurven für die Leistungsgrößen in Abhängigkeit von der

Spannung, d. i. auch vom Nebenschlußstrome, vom äußeren Strome und vom Widerstande sind in den Figuren 40 bis 51 zur Darstellung gebracht. Zunächst gibt Fig. 40 als Ausgangspunkt ein Bild für die Abhängigkeit der Gesamtleistung $P = E \cdot J_0$ von der Spannung und damit auch vom Nebenschlußstrome. Die Werte der Spannung sind daher als Abszissen eingetragen. Dazu ist die $E(e)$-Kurve nach Fig. 29 und die $J_0(e)$-Kurve nach 30 verzeichnet. Durch Multiplikation der Ordinatenwerte beider Kurven für ein bestimmtes e wird P erhalten. Die entsprechende Watt-Skala ist rechts auf $O'Y'$ abgetragen. Auf derselben sind 1000 Wt durch 1 cm dargestellt. Die Maßgerade ff ist daher nach Formel (1) S. 4 parallel OX im Abstande von 2,5 cm zu ziehen, da anderseits durch 1 cm 20 V und 20 A gegeben sind.

Gehören zu $Ok \neq e$ die Ordinaten $km \neq E$, $kn \neq J_0$, $kp \neq P$, so wird p, wie folgt, erhalten. Die Gerade Om schneide ff in qr Durch letzteren Punkt lege man eine Ordinatenlinie und projiziere auf diese in r den Punkt n. Die Verbindungslinie Or, verlängert bis zu der verlängerten Ordinate kn liefert durch den Schnitt beider den gesuchten Punkt p.

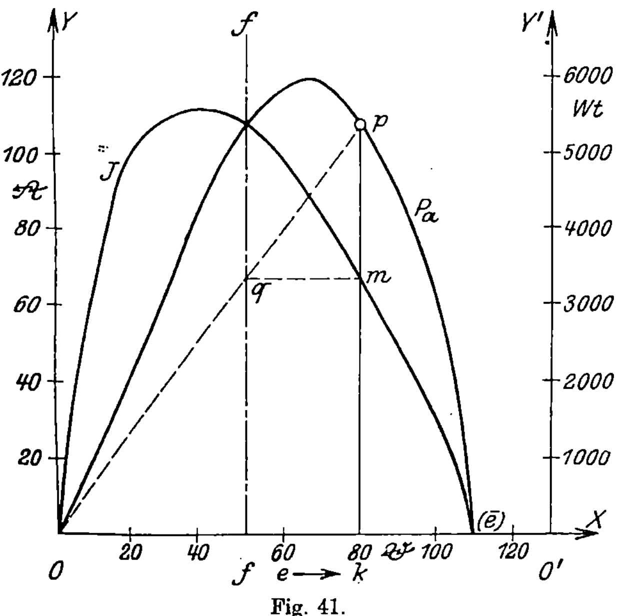

Fig. 41.

Die so konstruierten Punkte ergeben die $P(e)$-Kurve. Sieht man, wie hier zunächst geschieht, von dem Einflusse der Remanenz ab, so zieht dieselbe durch den Aufangspunkt O, der dem kritischen

Widerstande entspricht, steigt zu einem Maximum in p an, anfangs schwach konvex, dann konkav gegen OX und fällt dann konkav wieder ab bis p_1. Die diesem Punkte entsprechende Gesamtleistung ist die bei offenem Kreise, geht also in der Maschine verloren. Der rechts von p gelegene Teil der Kurve ist der für den technischen Betrieb in Frage kommende.

Die Abhängigkeit der äußeren Leistung von der Spannung ist in Fig. 41 durch die P_a-Kurve dargestellt. Für die Konstruktion sind die Werte der Spannung e als Abszissen, die des äußeren Stromes J als Ordinaten nach Fig. 30 eingetragen. Die Ordinaten für P_a erhält man durch graphische Multiplikation von e und J. Die Maßgerade ff ist parallel OY im Abstande 2,5 cm gezogen, um auch hier 1000 Wt durch 1 cm darzustellen, wie die auf $O'Y'$ abgetragene Leistungsskala angibt. Die zu $Ok \neq e$, $km \neq J$ gehörige Leistung $P_a \neq kp$ wird dadurch erhalten, daß man m in q auf ff projiziert und den Schnittpunkt p zwischen Oq und km ermittelt. Die $P_a(e)$-

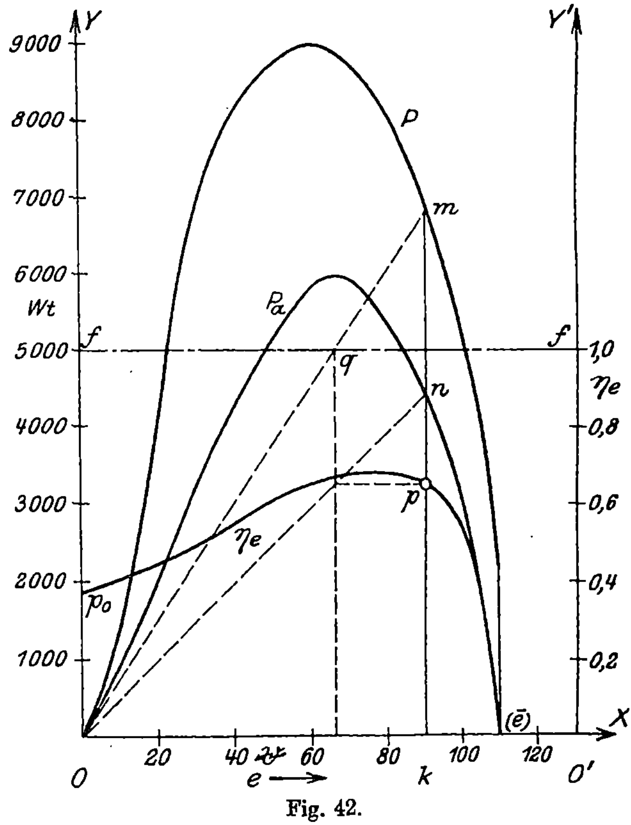

Fig. 42.

Kurve verläuft ähnlich derjenigen für P. Sie liegt unter derselben, steigt von O zunächst schwach konvex, dann konkav gegen OX zu einem Maximum an und fällt dann konkav ab, um mit $P_a = 0$ für $e = \bar{e}\,(w = \infty)$ zu enden.

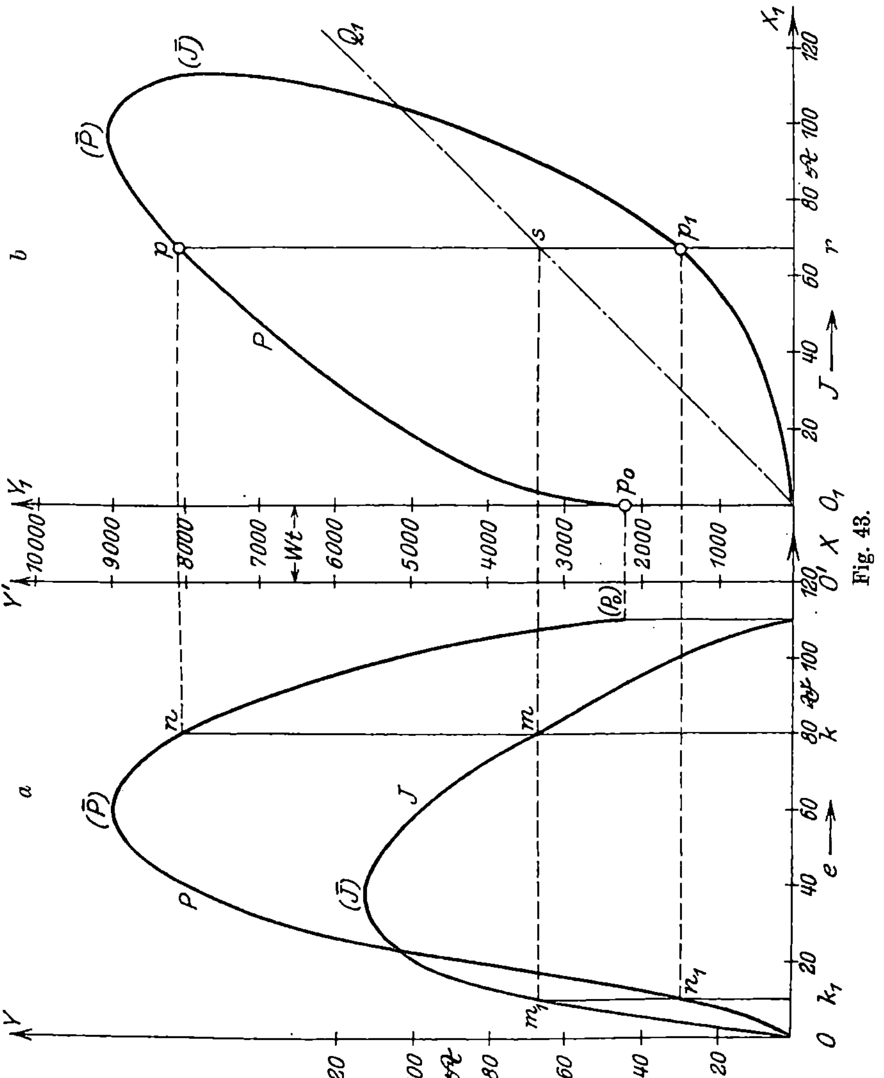

In Fig. 42 ist der elektrische Wirkungsgrad η_e als Funktion der Spannung dargestellt. Eingezeichnet ist zunächst nach Fig. 40 und 41 die $P(e)$- und $P_a(e)$-Kurve. Der Quotient $\dfrac{P_a}{P} = \eta_e$ ist in bekannter

Weise ermittelt. . Die Maßgerade ff verläuft parallel der Abszissen-achse im Abstande 5 cm, der dem Wirkungsgrade 1 entspricht. Ohne Be-rücksichtigung der Remanenzbeginnt die $\eta_e(e)$-Kurve für $e = 0$ $(w = w_k)$ mit einem endlichen Ordinatenwerte entsprechend Op_0, steigt zu-nächst schwach beschleunigt, dann verzögert zu einem Maximum an und fällt konkav gegen OO' wieder ab, bis η_e für $e = \overline{e}$ zu Null wird.

Die Abhängigkeit der Gesamtleistung vom äußeren Strome ist in Fig. 43 ermittelt und dargestellt. Unter 43a ist die $P(e)$- und $J(e)$-Kurve, letztere nach Fig. 30, verzeichnet. Die zusammenge-hörigen P- und J-Ordinaten sind in das System $X_1 O_1 Y_1$, erstere als Ordinaten, letztere als Abszissen zu übertragen. Zu dem Zweck ist $O_1 Q_1$ unter $45\,^0$ Neigung gezogen.

Die unter a zu $Ok \neq e$ gehörige Ordinate $km \neq J$ wird unter bekannter Vermittlung von $O_1 Q_1$ als Abszisse $O_1 r$ im System unter b niedergelegt, während die entsprechende P-Ordinate kn auf die durch r ziehende Ordinatenlinie als Strecke $rp \neq P$ projiziert wird. Die Ordinate $k_1 m_1 = km$ unter a liefert unter b die gleichfalls zu $O_1 r \neq J$ gehörige Ordinate rp_1. Man ersieht hieraus, daß zu jedem J unter b, ausgenommen $J = \overline{J}$, zwei Werte von P gehören, so daß die $P(J)$-Kurve eine Schleife mit unterem und oberem Ast darstellt. Geht man von $e = 0$ $(w = w_k)$, also $J = 0$, $P = 0$ aus, so steigt der untere Ast unter konvexer Krümmung gegen $O_1 X_1$ an und wird für $J = \overline{J}$ rückläufig konkav, während P zunächst noch zunimmt. Vom Maximum $P = \overline{P}$ an nehmen die Werte von P bei weiter sinkendem J wieder ab. Der entsprechende obere Ast ist konkav gegen $O_1 X_1$ und endet für $J = 0$, $e = \overline{e}\,(w = \infty)$ mit der Ordinate $O_1 p_0 \neq P_0$. Die betreffende Leistung geht in der Maschine verloren. Der obere Kurvenast entspricht den Verhältnissen des technischen Betriebes.

Die Kurve für die äußere Leistung $P_a = e \cdot J$ als Funktion von J ist in Fig. 44 dargestellt. In das Koordinatensystem ist zunächst die $e(J)$-Kurve nach Fig. 33 eingetragen. Bei gleichen Maßverhält-nissen wie in den letzten Figuren ist die Maßgerade ff im Abstande 2,5 cm von OY gezogen.

Der zu $J \neq Ok$, $e \neq km$ gehörige Punkt p der P_a-Kurve wird erhalten, indem man m in q auf ff projiziert, Oq zieht und letztere Gerade bis zum Schnitt p mit der durch k gelegten Ordinatenlinie verlängert. Die zu Ok gehörige zweite e-Ordinate km_1 führt auf den Punkt p_1. Die Konstruktion sonstiger Punkte ergibt auch hier für die $P_a(J)$-Kurve eine Schleife ähnlich derjenigen für P in Fig. 43, die zum Vergleich ebenfalls in 44 eingezeichnet ist. Die Schleife für P_a liegt unter der für P, in der Zeichnung allerdings tiefer, als es bei guten Maschinen zulässig ist. Beide Schleifen ziehen im unteren Aste durch den Anfangspunkt, während für $J=0$ im oberen Aste P den endlichen Wert P_0 erhält, dagegen P_a verschwindet.

Der elektrische Wirkungsgrad $\eta_e = \dfrac{P_a}{P}$ als Funktion des äußeren

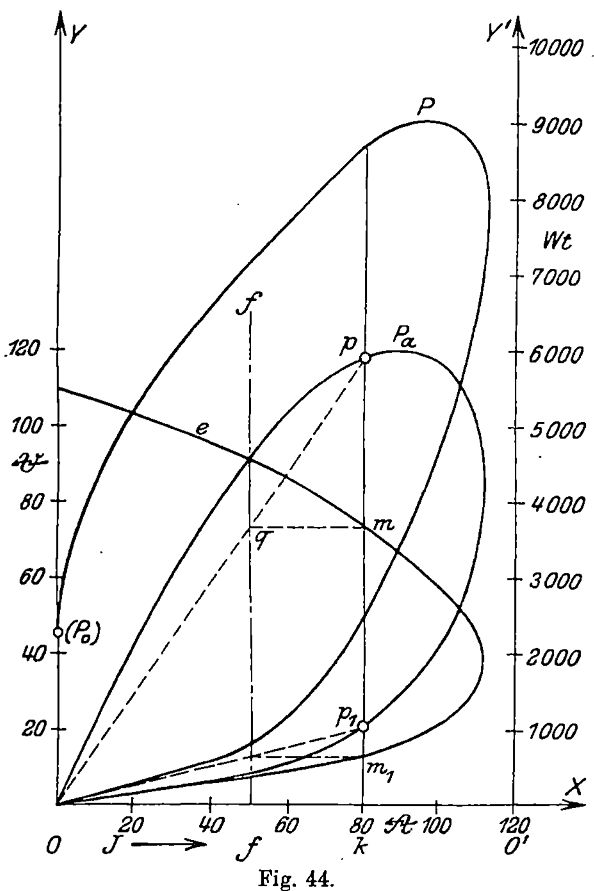

Fig. 44.

Stromes kann aus der $P_a(J)$- und $P(J)$-Kurve abgeleitet werden. Es ist dies in Fig. 45 zur Darstellung gebracht. Beide Kurven sind hier nochmals gezeichnet. Als Einheit für η_e ist eine Länge von 5 cm angenommen und dementsprechend die Maßgerade ff in diesem Abstande von OX gezogen.

Zu $Ok = J$, $km = P$, $kn = P_a$ findet man $kp = \eta_e$ wie folgt. Der Punkt m mit O verbunden ergibt den Schnittpunkt q auf ff. Eine durch q gelegte Ordinatenlinie qr werde durch die Gerade On

in s geschnitten. Es ist dann $rs \neq \eta_e$, so daß die Projektion von s auf km durch kp das zu $Ok \neq J$ gehörige η_e liefert.

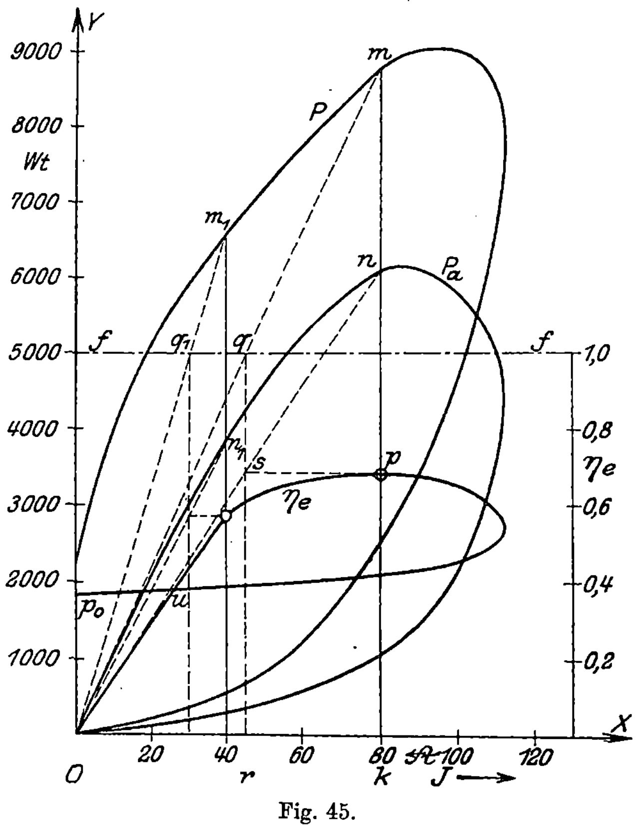

Fig. 45.

Die Konstruktion weiterer Punkte führt, wenn die Remanenz nicht berücksichtigt wird, auf eine Schleife, die für $J = 0\ (w = w_k), \dfrac{P_a}{P} = \dfrac{0}{0}$ in p_0 beginnt und für $J = 0\ (w = \infty,\ P_a = 0)$ in O endet. Dieselbe besitzt eine eigentümliche Gestalt, wie die Figur erkennen läßt. Beide Schleifenäste haben auffallenderweise den Punkt u als Doppelpunkt gemeinsam. Das würde bedeuten, daß ein gewisser Wert des äußeren Stromes existiert entsprechend zwei verschiedenen Werten des äußeren Widerstandes, für welche η_e gleiche Größe besitzt. Bei Berücksichtigung der Remanenz (s. w. u.) fällt p_0 in die positive Abszissenachse, so daß in Wirklichkeit eine offene Schleife entsteht Der in O endende Kurvenast der Figur ist derjenige, der für den technischen Betrieb in Frage kommt.

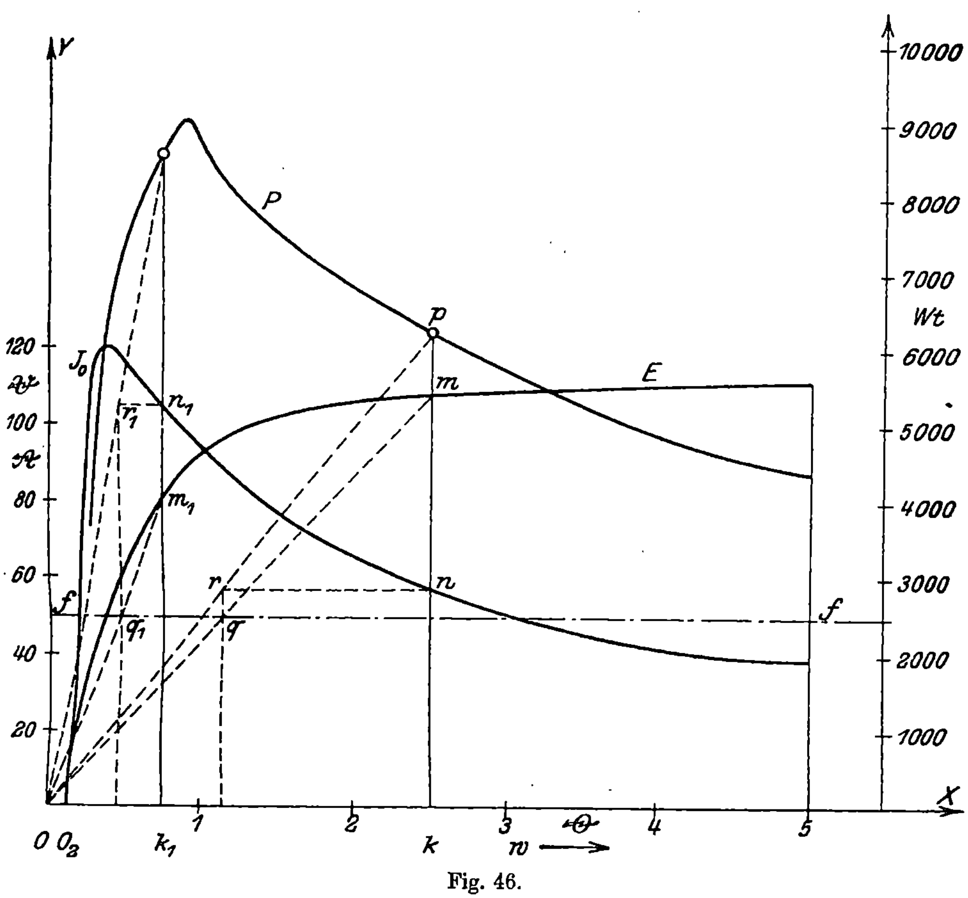

Fig. 46.

Die Figuren 46 bis 48 stellen die Leistungsgrößen in ihrer Abhängigkeit vom äußeren Widerstande dar. Das Konstruktionsprinzip
bedarf keiner weiteren Erläuterung. Fig. 46 enthält die $E(w)$- und
$J_0(w)$-Kurve nach Fig. 33b und 34b. Aus beiden ist bei gleicher
Bezeichnung der Konstruktionpunkte wie bisher die Kurve für $P = E \cdot J_0$
abgeleitet. Dieselbe beginnt von $w = w_k \neq O\,O_2$, $P = 0$ an steil
emporzusteigen bis zu einem Maximum, welchem ein größeres w als
dasjenige für J_0 entspricht, und fällt dann ab mit asymptotischer
Annäherung an einen Grenzwert für $w = \infty$, der durch $P_g = \overline{E} \cdot \overline{J}_n$ dargestellt ist.

Die äußere Leistung P_a (s. Fig. 47) ergibt sich aus der verzeichneten $e(w)$- und $J(w)$-Kurve durch Multiplikation der Ordinatenwerte.
Die resultierende $P_a(w)$-Kurve, ähnlich wie diejenige für P verlaufend,

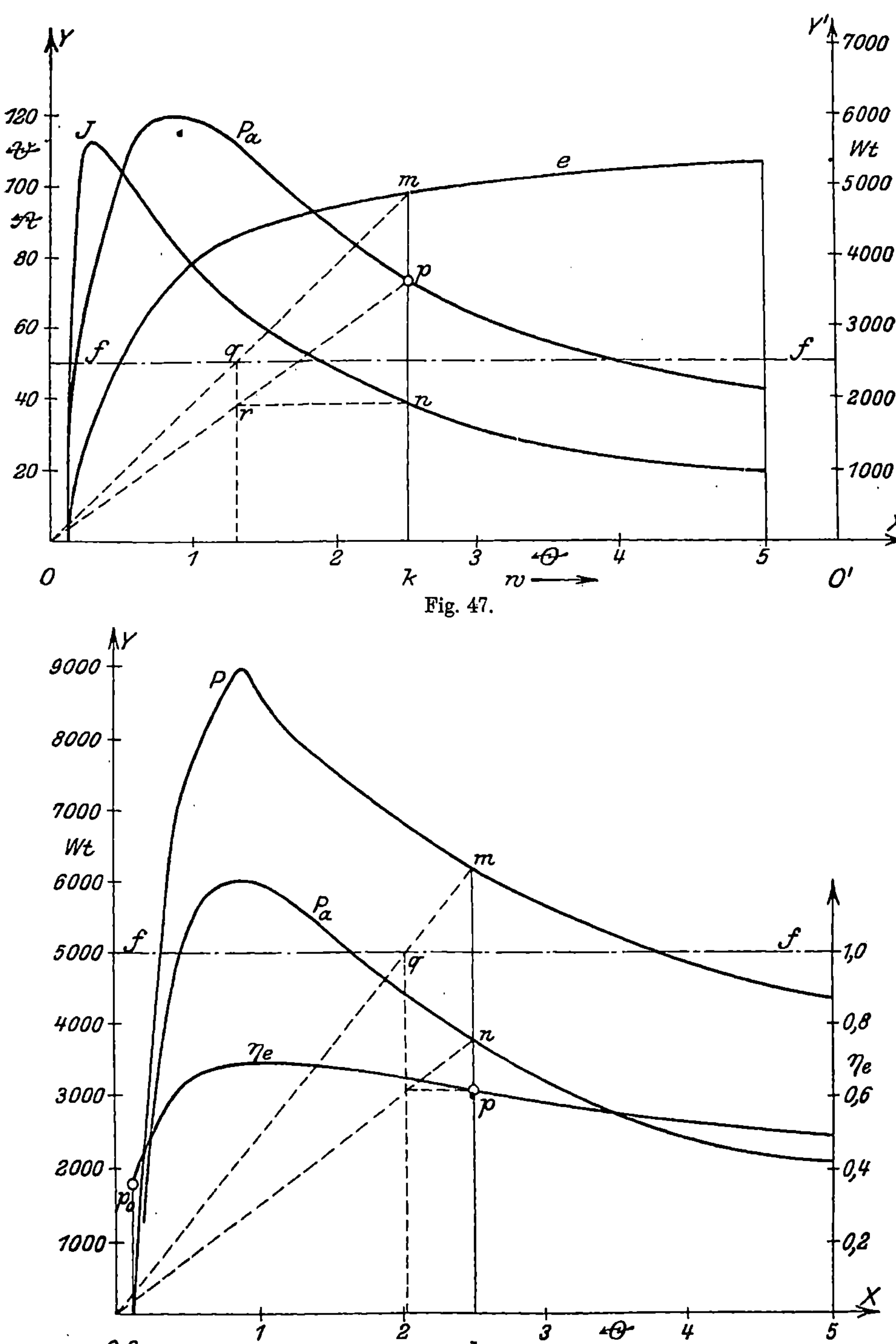

Fig. 47.

Fig. 48.

beginnt ebenfalls mit $w = w_k$, $P_a = 0$, steigt zu einem Maximum an und fält dann wieder ab, um sich asymptotisch der Abszissenachse zu nähern.

Die Ableitung der Kurve für den elektrischen Wirkungsgrad aus der $P(w)$- und $P_a(w)$-Kurve läßt Fig. 48 erkennen. Für $w = w_k$ besitzt η_e, wenn man von der Remanenz absieht, einen gewissen endlichen Wert $\left(\dfrac{P_a}{P} = \dfrac{0}{0}\right)$, durch $O_2\,p_0$ dargestellt. Die steil ansteigende $\eta_e(w)$-Kurve überschreitet bei kleinem w ein Maximum und fällt dann mit asymptotischer Annäherung gegen die Abszissenachse ab.

Die Kurven für die Leistungsgrößen erfahren in ihrem anfänglichen Verlaufe, d. h. bei sehr kleinem äußeren Widerstande, durch den Einfluß des remanenten Magnetismus, der bei den letzten Betrachtungen nicht berücksichtigt wurde, gewisse Änderungen. Auf diese mag, wenn sie auch für den Betrieb unter Belastung von keiner Bedeutung sind, im folgenden hingewiesen werden. Bei den einfachen elektrischen Größen E, e, J_0, J ist dieses bereits geschehen und durch die Figuren 35 bis 39 erläutert.

Die $E(e)$- und $J_0(e)$-Kurve verlaufen nach Fig. 35 und 36 derartig, daß E und J_0 für $e = 0$ endliche Werte E_r und J_{0r} besitzen, die zunächst für ein kleines e-Intervall äußerst langsam zunehmen, um dann mit starker Krümmung in ein steiles Ansteigen überzugehen

Das gleiche gilt daher für die $P(e)$-Kurve. An Stelle des in Fig. 40 dargestellten anfänglichen Verlaufs tritt der Art nach ein solcher, wie ihn Fig. 49 in größerem Maßstabe als früher zur Darstellung bringt. Für $e = 0$ ist infolge der Remanenz nicht $P = 0$, sondern hat einen endlichen Wert $P = P_r = E_r \cdot J_{0r}$. Es folgt dann für ein kleines Intervall ein äußerst langsames, dann ein starkes Ansteigen. Entsprechende Überlegungen (s. auch hier Fig. 35 und 36) führen für $P_a = e \cdot J$ auf eine ähnliche Kurve (s. Fig. 49), die indessen im Anfangspunkte beginnt ($e = 0$, $P_a = 0$).

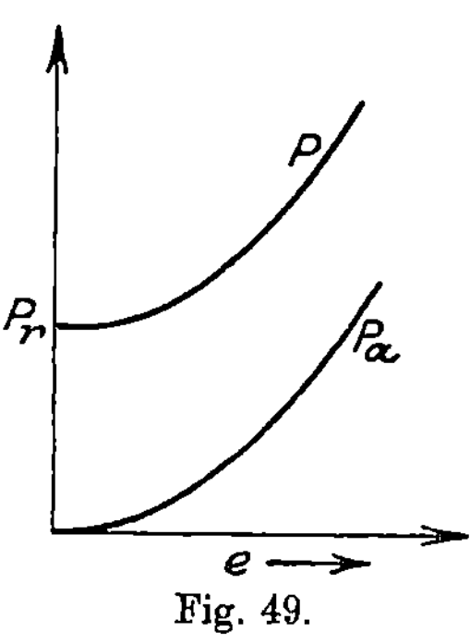

Fig. 49.

Da für $e = 0$ der elektrische Wirkungsgrad $\eta_e = \dfrac{0}{P_r} = 0$ wird, verläuft die $\eta_e(e)$-Kurve im Anfang, wie Fig. 50 zum Ausdruck bringt. Die Kurve beginnt in Wirklichkeit mit $\eta_e = 0$, während Fig. 42 für $e = 0$ einen kleinen endlichen Wert $\eta_e \neq O\,p_0$ liefert.

Die Kurve des wirtschaftlichen Wirkungsgrades η_w ist in Fig. 50 gestrichelt angedeutet. Ihr Verlauf ist ähnlich dem der η_e-Kurve. Zufolge der Beziehung

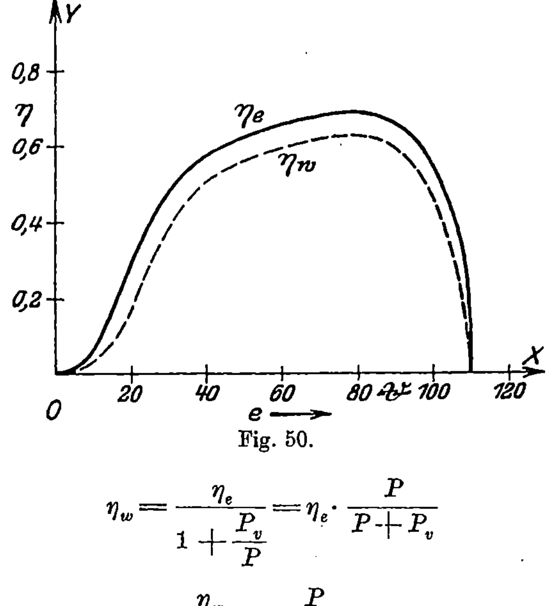

Fig. 50.

$$\eta_w = \frac{\eta_e}{1 + \frac{P_v}{P}} = \eta_e \cdot \frac{P}{P + P_v}$$

oder

$$\frac{\eta_w}{\eta_e} = \frac{P}{P + P_v},$$

wenn P_v die Verlustleistung darstellt, verläuft die η_w-Kurve, ausgenommen den Fall $\eta_e = 0$, unter der η_e-Kurve. Der Unterschied der Ordinatenwerte in Bruchteilen von η_e ist um so kleiner, je größer P gegen P_v ist.

Fig. 51 gibt eine Darstellung der $P(J)$- und $P_a(J)$-Kurve bei kleinem J entsprechend kleinem Widerstande. Da für $w = 0$ nach Fig. 37 infolge der Remanenz gewisse endliche Werte $E = E_r$ und $J = J_r$ vorhanden sind, so beginnt die $P(J)$-Kurve statt mit $P = 0$, $J = 0$ (Fig. 44, 45) bei der Abszisse $J = J_r$ mit $P_r = E_r \cdot J_{0r}$, um dann zunächst konvex gegen die Abszissenachse anzusteigen. Die darunter liegende $P_a(J)$-Kurve beginnt ebenfalls für $J = J_r$, jedoch mit $P_a = 0$, da für $J = J_r$ (Kurzschluß) die Spannung Null ist.

Fig. 51.

Die Kurve für den elektrischen Wirkungsgrad (s. Fig. 52) beginnt, abweichend von der Darstellung in Fig. 45, nicht für $J = 0$ mit einem endlichen Werte $\eta_e \neq Op_0$, sondern für $J = J_r$ und $\eta_e = 0$, da hier $\eta_e = \dfrac{0}{P_r}$ wird. Der Doppelpunkt u der Fig. 45 fällt also in

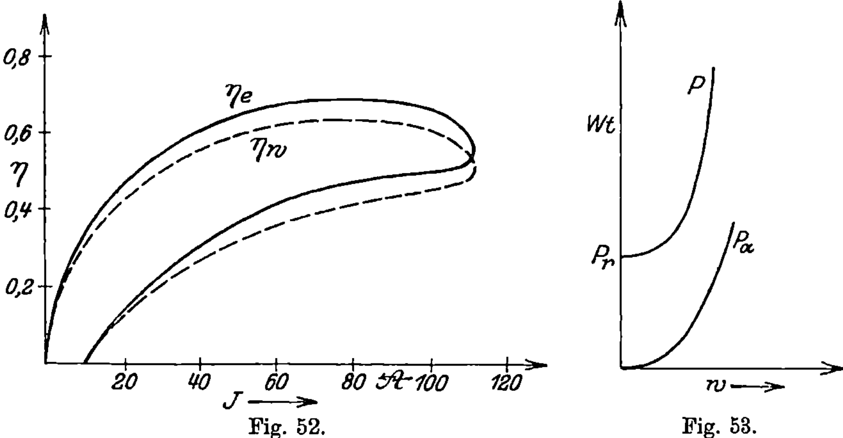

Wirklichkeit fort, so daß eine offene Schleife entsteht. Die $\eta_w(J)$-Kurve ist dem Charakter nach gestrichelt dargestellt und bedarf keiner weiteren Erläuterung.

Die Abhängigkeit vom äußeren Widerstande bei sehr kleinen Werten desselben (s. Fig. 53) ergibt sich ähnlich wie oben bei Betrachtung der Figuren 38 und 39, denen zufolge $P = P_r = E_r \cdot J_r$ und $P_a = 0 \cdot J_r = 0$ für $w = 0$ sein muß.

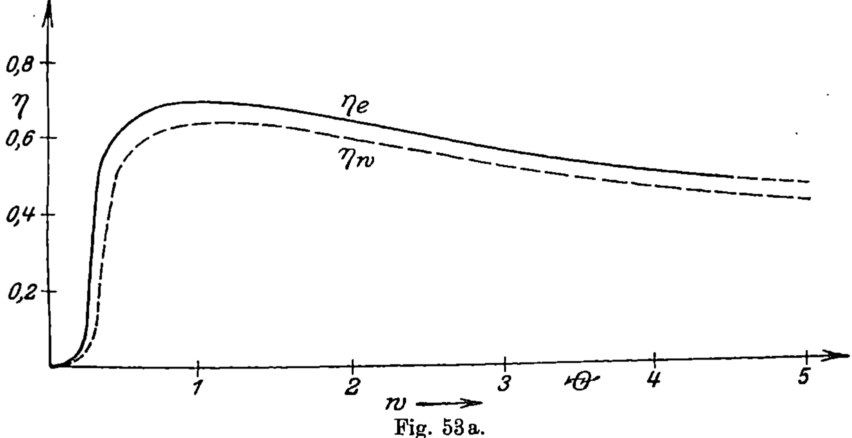

Da hier der elektrische Wirkungsgrad $\eta_e = \dfrac{0}{P_r} = 0$ ist, geht die $\eta_e(w)$-Kurve (s. Fig. 53a) durch den Anfangspunkt, statt, nach Fig. 48 mit einem endlichen Werte dargestellt durch $O_2 p_0$, für den kritischen Widerstand zu beginnen, und steigt zunächst schwach, dann stark an, der P- und P_a-Kurve in Fig. 53 entsprechend, um im weiteren

Verlaufe der η_e-Kurve in Fig. 48 mit asymptotischer Annäherung an die Abszissenachse zu folgen. Der Charakter der ähnlichen Kurve für den wirtschaftlichen Wirkungsgrad ist auch hier gestrichelt angedeutet.

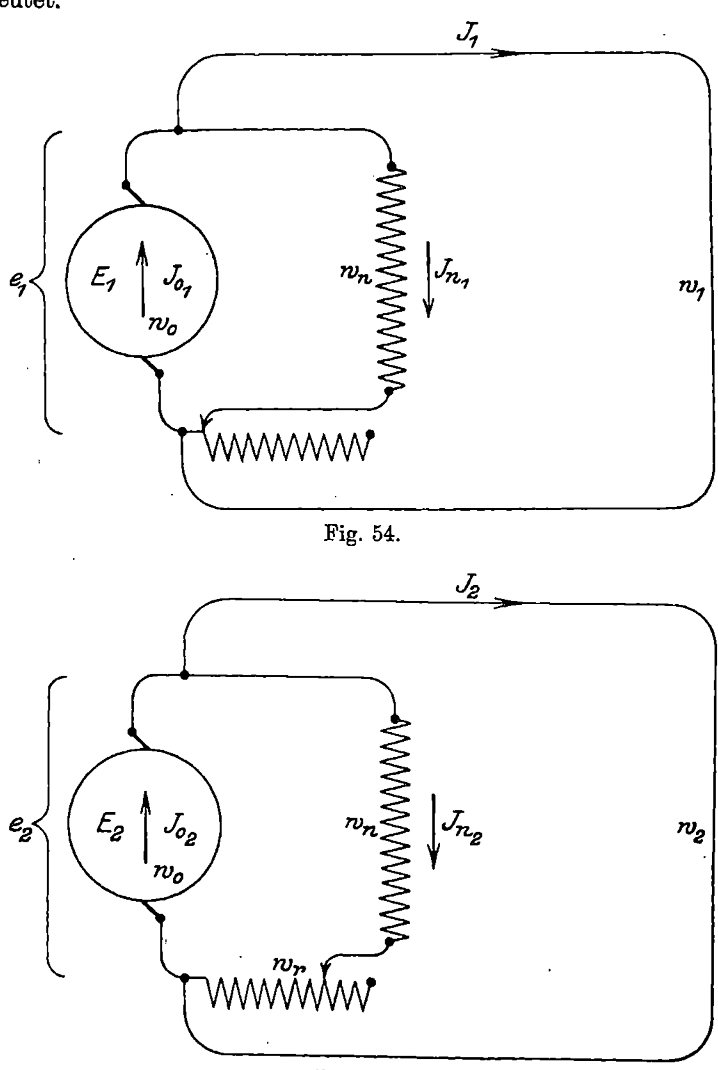

Fig. 54.

Fig. 54a.

Die Regulierungskurve. Als „Regulierungskurve" der Nebenschlußmaschine bezeichnet man eine Kurve, welche die Abhängigkeit des Belastungsstromes vom Nebenschlußstrome darstellt, vorausgesetzt, daß die Spannung dabei konstant gehalten wird. Letzteres wird bei geänderter Belastung durch einen veränderlichen Widerstand in der Nebenschlußleitung, den Nebenschlußregulator, bewirkt. Unter dem Belastungsstrome verstehen manche Schriftsteller den Ankerstrom, andere den äußeren Strom. Es mögen daher beide wenig voneinander verschiedenen Fälle ins Auge gefaßt werden.

In Fig. 54 (Schaltung 1) ist der Nebenschlußregulator ganz ausgeschaltet, in Fig. 54a (Schaltung 2) irgendein Widerstand w_r desselben eingeschaltet. In beiden Fällen sei die Belastung, somit auch der Nebenschlußstrom J_{n1} bzw. J_{n2} und die Spannung e_1 bzw. e_2 verschieden. Es bestehen dann die Beziehungen

$$e_1 = J_{n1} \cdot w_n$$
$$e_2 = J_{n2} (w_n + w_r),$$

denen zufolge in je einem der Fälle die Abhängigkeit der Spannung (Ordinaten) vom Nebenschlußstrom (Abszissen) durch eine gerade Linie $O r_1$ oder $O r_2$ dargestellt wird, wie dieses Fig. 55 zum Ausdruck bringt.

Sind für beide Fälle die Nebenschlußströme gleich

$$J_{n2} = J_{n1} = J_n,$$

dann ist, da $w_n + w_r > w_n$,

$$e_2 > e_1,$$

d. h. die e_2-Gerade liegt über derjenigen für e_1, endet jedoch, wie leicht ersichtlich ist, für einen kleineren Wert des Nebenschlußstromes $(O s_2)$ als letztere $(O s_1)$.

Für beide Schaltungen sollen die Ankerströme J_{01} und J_{02} durch Ordinaten zu den Abszissen J_n eingetragen werden. Es läßt sich zeigen, daß für ein bestimmtes J_n

$$J_{02} < J_{01}$$

ist, d. h. die $J_0 (J_n)$-Kurve liegt im zweiten Falle unter derjenigen, die $w_r = 0$ entspricht.

Die elektromotorischen Kräfte, wie sie tatsächlich einschließlich Ankerrückwirkung vorhanden sind und durch den Versuch bei Selbsterregung bestimmt werden können, sind durch E_1 und E_2 bezeichnet für einen beliebigen, aber für beide Fälle gleichen Nebenschlußstrom J_n. Die EK bei stromlosem Anker, wie sie bei Fremderregung und veränderlichem J_n gemessen werden kann, sei durch E_0 bezeichnet. Durch die Ankerrückwirkung, die als Funktion des Ankerstromes durch $f(J_0)$ bezeichnet sei, wird E_0 auf E_1 bzw. E_2 herabgesetzt. Demnach gelten für dasselbe J_n die Beziehungen

$$E_1 = E_0 - f(J_{01}) = e_1 + J_{01} \cdot w_0$$
$$E_2 = E_0 - f(J_{02}) = e_2 + J_{02} \cdot w_0.$$

Y
120
110
100
90
80
70
60
50
40
30
20
10
J_o1
J_o2
J_o3
J_om
r_3
p_1
r_2
n_1
e_3
e_2
e_1
e_0
r_m
p_2
m_3
m_2
m_1
e_m
p_3
h_m
h_7
h_8
h_1
A
Y'
110
100
90
80
70
60
50
40
30
20
10
J_o
J
A
O
1 2 3 4 5 6 7 8 9 10 11
s_m k_8 s_3 k_1 s_8 J_n s_1 O'
1 2 3 4 5 6 7
s_m J_n

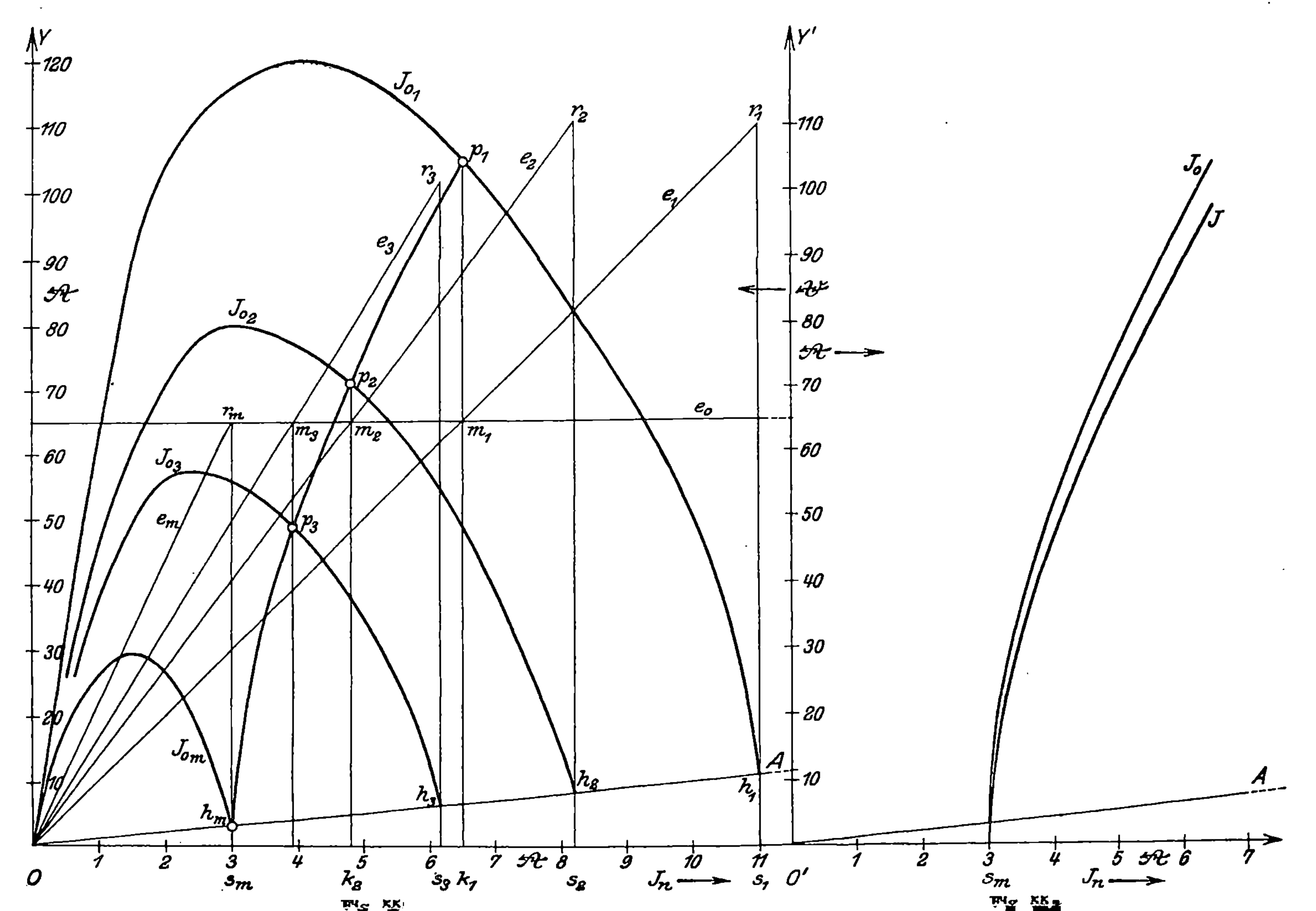

Fig. 39. Fig. 40.

Somit ist

$$E_0 = e_1 + J_{01} \cdot w_0 + f(J_{01}) = e_2 + J_{02} \cdot w_0 + f(J_{02}).$$

Da nun

$$e_2 > e_1,$$

so muß

$$J_{02} \cdot w_0 + f(J_{02}) < J_{01} \cdot w_0 + f(J_{01})$$

sein. Es wachsen aber

$$J_0 w_0, \quad f(J_0), \quad J_0 w_0 + f(J_0)$$

mit zunehmendem J_0. Demnach ist

$$J_{02} < J_{01},$$

außerdem zufolge der Gleichungen $E_1 = E_0 - f(J_{01})$, $E_2 = E_0 - f(J_{02})$

$$E_2 > E_1.$$

Verzeichnet man daher, wie in Fig. 55 geschehen ist, die $J_{01}(J_n)$- und $J_{02}(J_n)$-Kurve, so liegt letztere unter der ersteren. Die Verzeichnung erfolgt auf Grund der Überlegungen, durch welche die $J_0(e)$-Kurve in Fig. 32 aus Fig. 31 abgeleitet wurde. An Stelle der e-Abszissen in 32 sind hier die diesen proportionalen J_n-Abszissen zu nehmen, wobei für die $J_{01}(J_n)$- bzw. $J_{02}(J_n)$-Kurve $J_n = \dfrac{e_1}{w_n}$ bzw.

$J_n = \dfrac{e_2}{w_n + w_r}$ zu setzen ist.

Der Maßstab für die J_n-Abszissen ist im Interesse der Deutlichkeit größer gewählt als derjenige für die J_0-Ordinaten. Die Gerade OA besitzt Ordinaten, die ebenfalls den Nebenschlußstrom, jedoch im Maßstabe der J_0 darsellen.

Nach Fig. 31a beginnen die Kurven für J_0 in O, steigen mit zunehmendem J_n bis zu einem Maximum an und fallen dann wieder ab. Sie enden in der Geraden OA, da hier $J_0 = J_n$ ist. Das entspricht dem Höchstwerte von J_n bei der betreffenden Regulatorstellung, d. h. dem offenen Stromkreise.

Für die in die Figur eingetragenen Geraden Or_1 und Or_2, deren Ordinaten die Spannungen e_1 und e_2 zu jedem J_n darstellen, gilt ein besonderer Voltmaßstab, auf $O'Y'$ abgetragen. Ihren Enden r_1 und r_2 entsprechen die nämlichen Abszissenwerte Os_1 und Os_2 wie den Enden h_1 und h_2 der J_0-Kurven. Die mit e_0 bezeichnete Parallele zur Abszissenachse besitzt Ordinaten, die in Voltmaß gemessen, die konstante Spannung e_0 darstellen, für welche die Regulierungskurve zu konstruieren ist.

Die Spannungsgerade e_1 schneide diejenige für e_0 im Punkte m_1, dem die Abszisse $Ok_1 \neq J_n$ entspricht. Dann stellt die zu letzterer gehörige Ordinate $k_1 p_1$ der J_{01}-Kurve den Ankerstrom dar, der bei der Spannung e_0 hier gleich e_1 vorhanden ist. Es ist somit p_1 ein Punkt der Regulierungskurve. In gleicher Weise wird auf der J_{02}-Kurve der Punkt p_2 entsprechend $O k_2 \neq J_n$ festgelegt.

Zur genaueren Verzeichnung der Regulierungskurve muß die Zahl der J_0-Kurven und e-Geraden genügend groß gewählt werden. In der Figur sind noch zwei Punkte p_3 und h_m festgelegt. Die so erhaltene Regulierungskurve $p_1 p_2 p_3 h_m$ zeigt mit zunehmendem Nebenschlußstrome, d. h. abnehmendem Regulatorwiderstande, verzögert wachsende Ordinaten. Die Kurve endet für denjenigen Nebenschluß- und Ankerstrom, proportional $O k_1$ und $k_1 p_1$, bei dem im Nebenschluß nur die Schenkelwicklung liegt.

Das andere Ende h_m der Kurve ergibt sich durch folgende Überlegung. Zu dem erreichbaren Höchstwert $\overline{J_{n1}}, \overline{J_{n2}} \ldots$ eines Nebenschlußstromes bei irgendeiner Regulatorstellung (Stromkreis offen) gehört ein Wert von $J_{01} = \overline{J_{n1}} \neq s_1 h_1$, $J_{02} = \overline{J_{n2}} \neq s_2 h_2 \ldots$, der durch die Ordinaten der auf $O A$ liegenden Punkte $h_1, h_2 \ldots$ dargestellt ist. Die Endpunkte $r_1, r_2 \ldots$ der e-Geraden und ebenso diejenigen der J_0-Kurven $h_1, h_2 \ldots$ rücken mit zunehmendem Regulatorwiderstande auf kleiner werdende Abszissen. Es muß daher, falls die entsprechende Widerstandsstufe vorhanden ist, schließlich der Grenzfall eintreten, für welchen einer J_0-Kurve, etwa der für J_{0m}, ein Endpunkt h_m und eine Höchstspannung $\overline{e_m} \neq s_m r_m$ für die e_m-Gerade entspricht, so daß r_m in der e_0-Geraden liegt. Da bei weiterer Erhöhung des Regulatorwiderstandes keine Schnitte mehr zwischen den Geraden für e und e_0 erhalten werden können, so läßt sich die Spannung e_0 bei weiterer Erhöhung des Regulatorwiderstandes nicht mehr aufrechterhalten, d. h. h_m bildet das andere Ende der Regulierungskurve.

Die entsprechende Kurve für den äußeren Strom J ist aus derjenigen für den Ankerstrom ohne weiteres abzuleiten. Offenbar stellen die Ordinatenabschnitte zwischen der $J_0 (J_n)$-Regulierungskurve und der Geraden $O A$ die Werte des äußeren Stromes dar. Das Kurvenbild ist daher bereits in Fig. 55 enthalten, wenn man die Ordinaten nicht von der Abszissenachse sondern von $O A$ aus rechnet. Die gewöhnliche Kurvendarstellung wird hiernach leicht erhalten dadurch, daß man die Ordinaten der $J_0 (J_n)$-Regulierungskurve um den Betrag des Nebenschlußstromes verkleinert (Rückscherung).

Die $J (J_n)$-Regulierungskurve, in Fig. 55a dargestellt, liegt unter der gleichfalls eingezeichneten für $J_0 (J_n)$ und verläuft in ähnlicher Weise wie letztere. Wie leicht ersichtlich ist, entspricht das untere Ende der $J (J_n)$-Kurve nicht einem endlichen Werte des äußeren Stromes, sondern dem Punkte s_m mit $J = 0$.

4. Die Haupt-Nebenschlußmaschine.

Der hier als Haupt-Nebenschlußmaschine bezeichnete Stromerzeuger besitzt zwei Magnetbewicklungen, eine Hauptstrom- und eine Nebenschlußwicklung, die beide in gleichem Sinne magnetisierend wirken. Die Anordnung bezweckt unabhängig von der Belastung eine praktisch konstante Klemmenspannung zu erzielen. Derartige Generatoren werden auch als Maschine mit gemischter Wicklung, Verbund- oder Compoundmaschinen bezeichnet.

Für Hauptstrom- und Nebenschlußwicklung sind zwei Schaltungen üblich. Bei der einen liegt der Nebenschluß zwischen den Klemmen, wobei der Strom in der Hauptstromwicklung gleich dem Ankerstrome ist. Bei der anderen zweigt der Nebenschluß von den Bürsten ab. Der Hauptstrom ist hier gleich dem äußeren Strome.

Nebenschluß zwischen den Klemmen. Der Fall „Nebenschluß zwischen den Klemmen" werde zunächst ins Auge gefaßt.

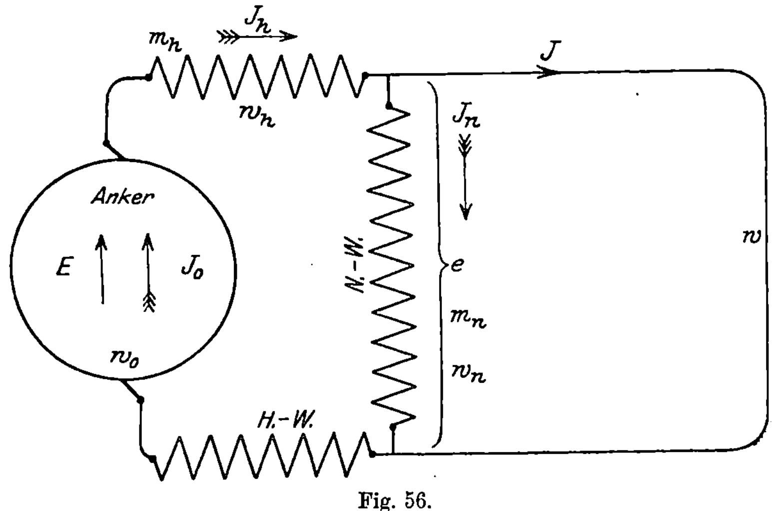

Fig. 56.

In der Schaltungsfigur 56 bezeichet

E die elektromotorische Kraft,

e die Klemmenspannung,

J_0 Strom
w_0 Widerstand } für den Anker,

J_h Strom
w_h Widerstand
m_h Windungszahl } für die Hauptwicklung,

$$\left.\begin{array}{ll} J_n & \text{Strom} \\ w_n & \text{Widerstand} \\ m_n & \text{Windungszahl} \end{array}\right\} \text{für den Nebenschluß,}$$

$$\left.\begin{array}{ll} J & \text{Strom} \\ w & \text{Widersland} \end{array}\right\} \text{für die äußere Leitung.}$$

Im Falle des offenen Kreises mag den mit der Belastung veränderlichen Größen noch der Index l (Leerlauf) beigefügt werden. Beim Nebenschlußstrome geschieht das nicht, da J_n konstant bleibt, soweit dieses für e der Fall ist. Tatsächlich läßt sich ein vollständig konstantes e nicht herstellen. Aber der Bau von H.N.-Maschinen hat ergeben, daß diese von $J = 0$ bis zu einem gewissen Höchstwerte $J = \overline{J}$ derartig geringe Spannungsschwankungen zeigen, daß man innerhalb des betreffenden Stromintervalls e sowie J_n als praktisch konstant ansehen kann. Diese Annahme wird den folgenden Betrachtungen zugrunde gelegt.

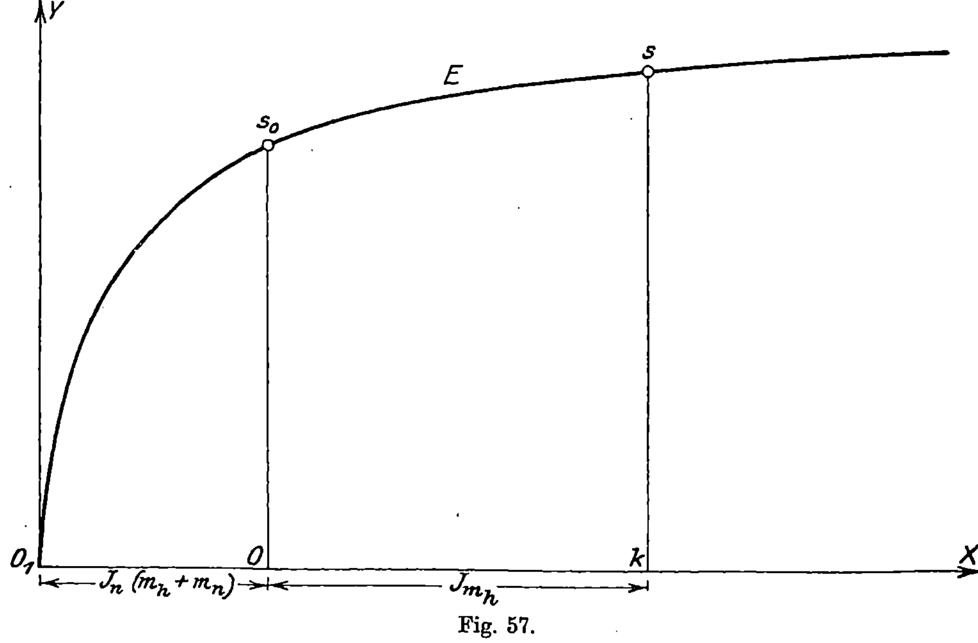

Fig. 57.

Die Abhängigkeit der elektromotorischen Kraft (EK) von der magnetomotorischen Kraft (MK), ausgedrückt in Ampere-Windungen (AW), sei in Fig. 57 durch die E-Kurve dargestellt, wie sie sich aus dem direkten Versuch beim Betriebe mit verschiedenen äußeren Strömen ergibt. Bei offenem Kreise ist die MK durch die Abszisse $O_1 O \neq J_n(m_h + m_n)$ gegeben, da Haupt- und Nebenschlußwicklung vom gleichen Strome J_n durchflossen werden. Derselben entspricht eine EK gleich $E_l \neq O s_0$.

Fließt in der geschlossenen äußeren Leitung ein Strom J, dann ist die $E \neq k s$ entsprechende gesamte MK

$$J_h\, m_h + J_n\, m_n = (J + J_n)\, m_h + J_n\, m_n \neq O_1 k$$

oder

$$J\, m_h + J_n\, (m_h + m_n) \neq O_1 k.$$

Da ferner

$$J_n\, (m_h + m_n) \neq O_1 O,$$

so ist

$$J \cdot m_h \neq O_1 k - O_1 O$$

$$J \cdot m_h \neq O k.$$

Betrachtet man daher O als neuen Anfangspunkt des Koordinatensystems und unter Änderung des Abszissenmaßstabes $O k$ als äußeren Strom J, so stellt die bei s_0 beginnende Kurve $s_0 s$ die $E\,(J)$-Charakteristik dar. Dieselbe ist in Fig. 58 mit J als Abszisse nochmals gezeichnet und außerdem die zu $O X$ parallele Gerade $n_0 n_1$, deren Ordinaten die als genau konstant angenommene Klemmenspannung e darstellen.

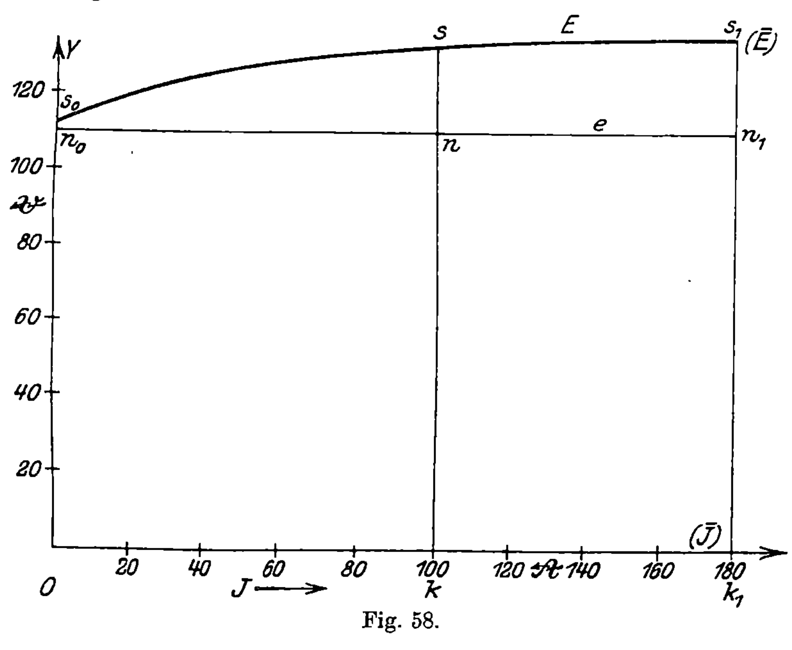

Fig. 58.

Gehören

$$E \neq k s$$

$$e \neq k n$$

zu

$$J \neq O k,$$

dann liefert

$$s n \neq E - e = e_i$$

den Spannungsabfall in der Maschine.

Für Leerlauf, $J = 0$, ist zunächst

$$O\,n_0 \neq e = E_l - J_{hl}\,(w_0 + w_h) = E_l - J_n\,(w_0 + w_h)$$

$$n_0\,s_0 \neq e_{il} = E_l - e = J_n\,(w_0 + w_h).$$

Für Belastung $J \neq O\,k$ ist

$$k\,s - s\,n \neq e = E - J_h\,(w_0 + w_h),$$

daher

$$s\,n \neq e_i = E - e = J_h\,(w_0 + w_h).$$

Da weiter

$$J_h = J + J_n,$$

so ergibt sich

$$e_i = J\,(w_0 + w_h) + J_n\,(w_0 + w_h)$$

oder

$$e_i = e_{il} = J\,(w_0 + w_h).$$

Diese Gleichung besagt, daß bei konstant angenommenem e der Abfall $e_i \neq s\,n$ linear mit dem äußeren Strome wachsen muß. Das ist aber nicht genau möglich, da die E-Kurve gekrümmt verläuft. Tatsächlich läßt sich daher ein von J unabhängiges ganz konstantes e nicht herstellen. Dagegen ist ein nahezu konstantes e möglich, wenn das Stück der $E(J)$-Kurve zwischen $J = 0$ und $J = \overline{J}$ merklich als Gerade angesehen werden kann. Das erscheint aber zulässig wegen des flachen Verlaufs der E-Kurve bei genügend hoher Sättigung, wie sie bei Lichtbetrieb in Frage kommt.

Da sich Maschinen herstellen lassen, die von $J = 0$ bis zu einem gewissen Höchstwerte $J = \overline{J}$ eine praktisch konstante Spannung liefern, so soll dieses für die zu verzeichnenden Kurven innerhalb des brauchbaren J-Intervalles angenommen werden. Bei dieser Voraussetzung ist dann das in Betracht kommende Stück der $E(J)$-Kurve genähert als eine mit wachsendem J ansteigende Gerade zu zeichnen, wie dieses in Fig. 59 geschehen ist.

Im gleichen Bilde ist auch der Verlauf der inneren Ströme für J als Abszissen gestrichelt verzeichnet. Die Maßstäbe für die Spannungs- und Stromwerte für Ordinaten und Abszissen sind dabei als gleich angenommen. Die zu OX parallele Gerade $r_0\,r_1$ im Abstande entsprechend J_n stellt den Nebenschlußstrom dar, die unter 45^0 gegen OX geneigte durch r_0 ziehende Gerade den Strom in der Hauptstromwicklung und zugleich den Ankerstrom. Wie ersichtlich, ist ja die zu $O\,k \neq J$ gehörige Ordinate

$$k\,u = r\,u + k\,r \neq J + J_n = J_h = J_0.$$

Der Zusammenhang zwischen dem äußeren Widerstande w und J wird, da $J \cdot w = e$ konstant ist, durch eine gleichzeitige Hyperbel dargestellt. Die geometrische Konstruktion der $w(J)$-Kurve auf

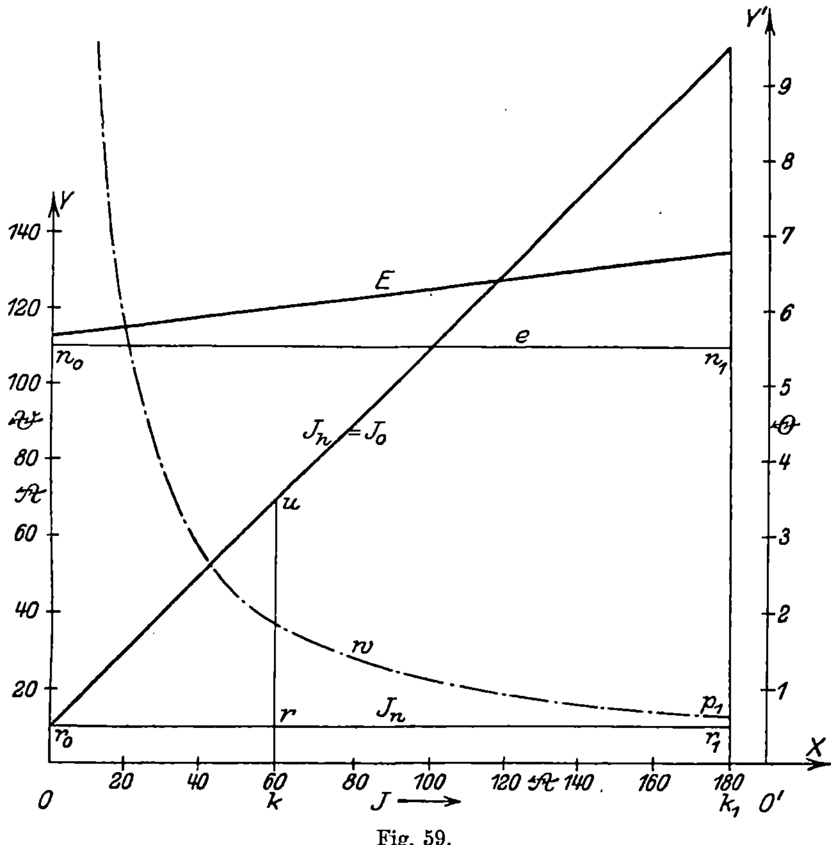

Fig. 59.

Grund der $e(J)$-Geraden kann nach gleichem Prinzip vorgenommen
werden wie die Ableitung der $J(W)$- aus der $J(E)$-Kurve in Fig. 10
und braucht nicht weiter erläutert zu werden. Die Kurve ist strich-
punktiert in Fig. 59 eingezeichnet. Für ihre Ordinaten gilt eine besondere Ohm-Skala, auf $O'Y'$ abgetragen. Man erkennt leicht, daß
die $w(J)$-Hyperbel bei asymptotischem Verlauf gegen OY unter konvexer Krümmung gegen OX abfallen muß. Ihr Verlauf kommt nur
bis zum Punkte p_1 in Betracht, der dem Abszissenwerte $Ok_1 \neq \overline{J}$
und einem kleinsten Widerstande $w' \neq k_1 p_1$ entspricht.

Die Abhängigkeit der einfachen elektrischen Größen vom äußeren
Widerstande w ist in Fig. 60 im Koordinatensystem $X_1 O_1 Y_1$ darge-
stellt. Neben demselben liegt das Netz XOY, in das mit J als
Abszisse nach Fig. 59 die $E(J)$-, $e(J)$-, $J_n(J)$-, $J_0(J)$- und $w(J)$-
Kurve eingetragen ist. Die Geraden OQ und $O_1 Q_1$ sind unter 45^0
Neigung gegen OX_1 gezogen. Die $J(w)$-Kurve unter b wird durch

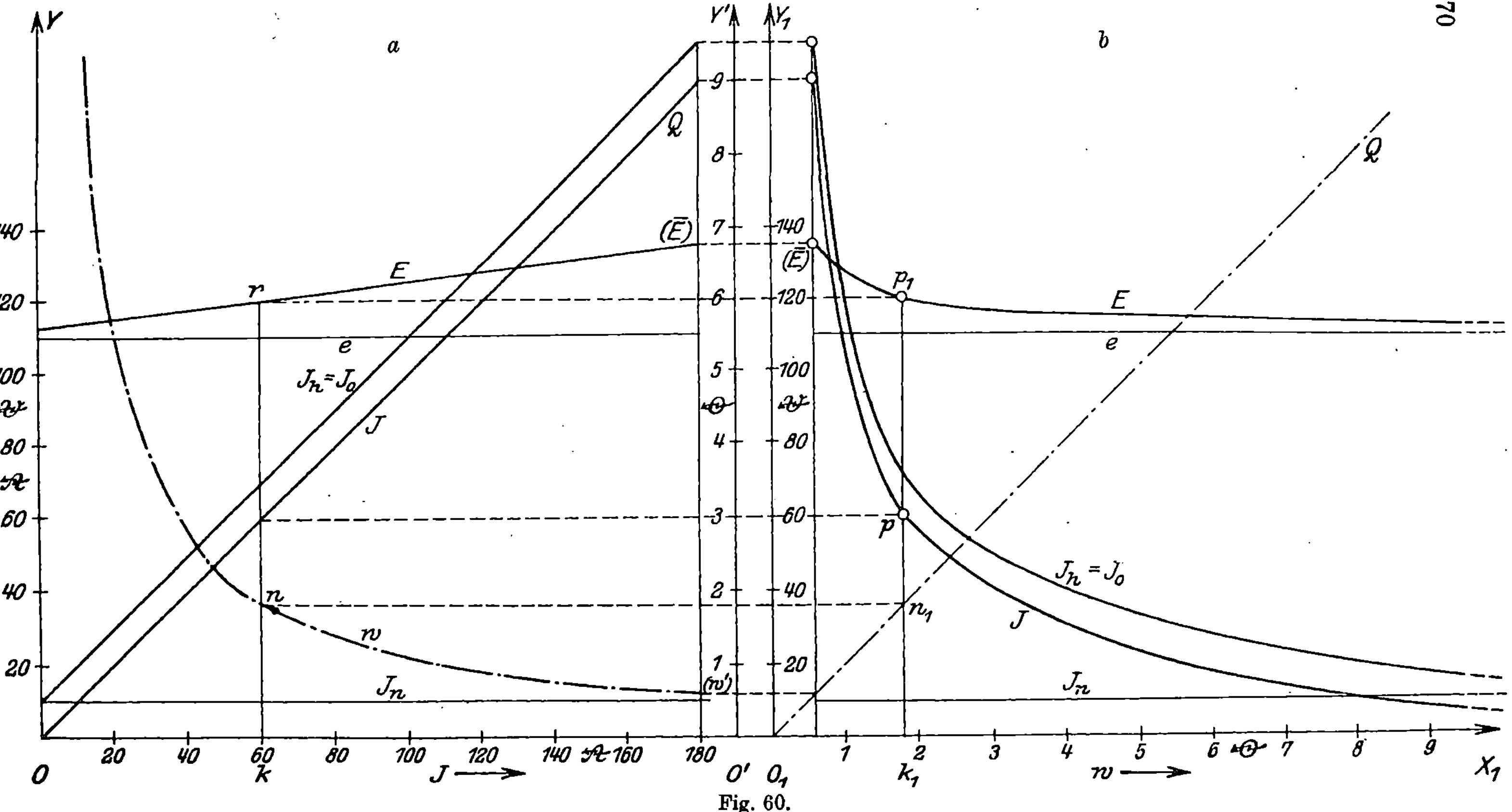

Y
Y'
Y₁
X₁
a
b
Q
E
(Ē)
(E)
e
r
J
Jₙ = J₀
Jₙ
J
n
w
p₁
p
n₁
O
O'
O₁
k
k₁
w
Fig. 60.

einfaches Umlegen der $w(J)$-Kurve erhalten, wie dieses nach Fig. 11 z. B. ausgeführt werden kann. Die entsprechenden Konstruktionslinien sind in Fig. 60 angegeben. Die $J_0(w)$-Kurve ergibt sich aus derjenigen für $J(w)$ dadurch, daß die Ordinaten der letzteren um J_n vergrößert werden. Die J- und J_0-Kurve nähern sich asymptotisch der Abszissenachse und der J_n-Geraden.

Die $e(w)$- ebenso die $J_n(w)$-Kurve ist offenbar eine Parallele zur Abszissenachse. Die $E(w)$-Kurve unter b wird aus der als Gerade angenommenen $E(J)$-Kurve unter a, wie folgt, abgeleitet.

Unter a entspricht dem Strome $Ok \neq J$ der äußere Widerstand $kn \neq w$ und die elektromotorische Kraft $kr \neq E$. Man zieht parallel OX_1 die Gerade nn_1, welche O_1Q_1 in n_1 schneidet, und legt durch n_1 eine Ordinatenlinie $k_1 n_1 p_1$. Projiziert man auf letztere den Punkt r in p_1, dann ist $k_1 p_1 = kr \neq E$ und $O_1 k_1 = kn$ stellt das zugehörige w dar. Die Ermittelung sonstiger Punkte liefert ein Stück einer gleichseitigen Hyperbel, die konvex gegen die Abszissenachse abfällt. Sie beginnt mit dem Höchstwerte $E = \overline{E}$ entsprechend $w = w'\ (J = \overline{J})$ und nähert sich asymptotisch einer Parallelen zu $O_1 X_1$ in einem E_l entsprechenden Abstande.

In den Figuren 61 bis 64 sind die Leistungsgrößen dargestellt. Fig. 61 und 62 liefert dieselben in ihrer Abhängigkeit vom äußeren Strome. Es sind in 61 zunächst die $E(J)$- und $e(J)$-Geraden nach 59 eingetragen.

Um die Gesamtleistung $P = E \cdot J_0$ darzustellen, trägt man von O aus nach links das Abszissenstück $OO_1 \neq J_n$ ab und zieht im Abstande $O_1 f$ die Maßgerade ff parallel OY. Dabei ist $O_1 f$ gleich 5 cm zu nehmen. Denn da auf der Wattskala rechts 2000 Wt durch 1 cm, 1 Wt durch 0,0005 cm dargestellt werden sollen, ist nach Formel (1a) S. 6

$$O_1 f = \frac{\varrho_1 \cdot \varrho_2}{\varrho} = \frac{0,05 \cdot 0,05}{0,0005} = 5 \text{ cm}.$$

Ist m ein Punkt der $E(J)$-Geraden, so ist durch diesen eine Parallele mit OX zu ziehen, welche ff in q schneide. Der Schnitt der Geraden $O_1 q$ mit der Ordinate km führt auf den Punkt p der gesuchten $P(J)$-Kurve. Denn es ist leicht zu erkennen, daß derselbe die Abszisse

$$Ok \neq J$$

und die Ordinate

$$kp \neq E(J + J_n) = E \cdot J_0 = P$$

besitzt.

Die Konstruktion sonstiger Punkte führt auf die durch p_0 ziehende, mit schwach konvexer Krümmung gegen OX ansteigende Kurve. Für $J = 0$ ist die Gesamtleistung durch $Op_0 \neq E_l \cdot J_n$

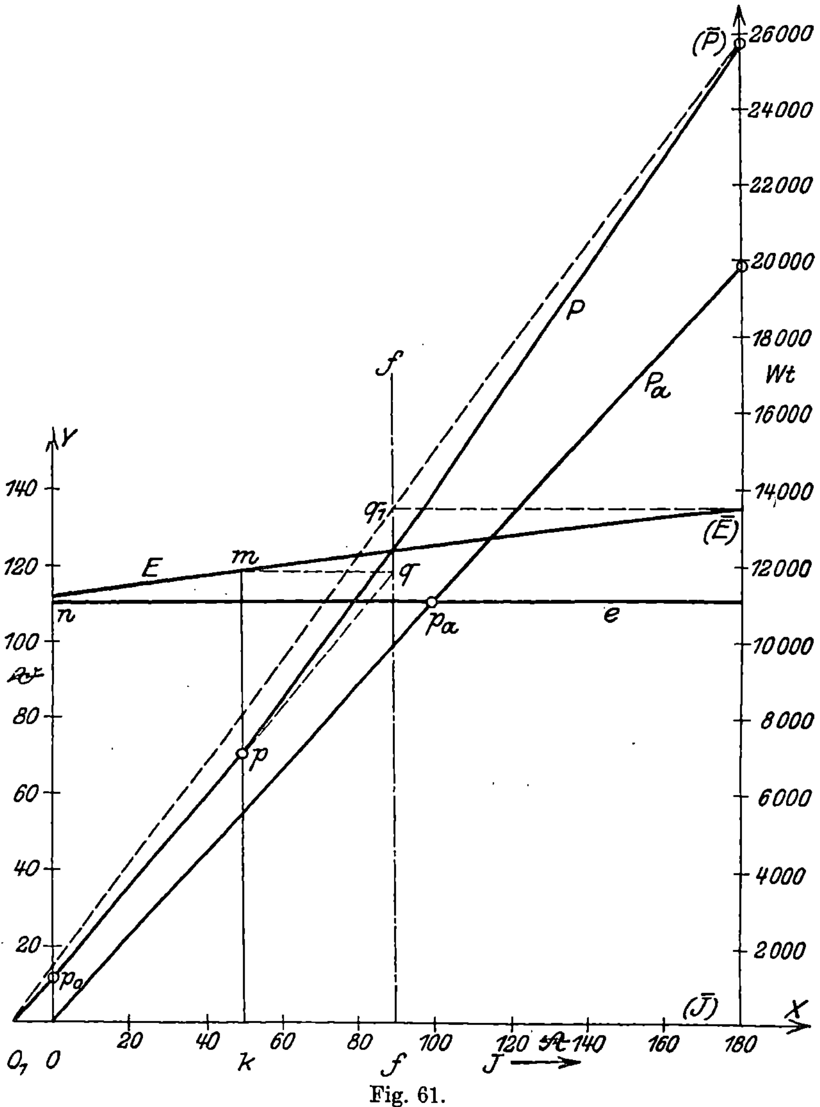

Fig. 61.

dargestellt, die vollständig in der Maschine verloren geht. Der Höchstwert $\overline{P} = \overline{E} \cdot \overline{J}$ entspricht der oberen Grenze des Stromes, bis zu der praktisch konstante Spannung angenommen ist.

Die äußere Leistung $P_a = e \cdot J$ wird, da e konstant ist, durch eine Gerade dargestellt, die durch $O\,(J = 0)$ hindurchgeht. Es braucht daher nur ein Punkt ermittelt zu werden, um die Gerade festzulegen. Trägt man auf der e-Geraden eine Strecke $n p_a = 5$ cm von OY aus ab, dann ist p_a ein Punkt der P_a-Geraden. Denn für p_a ist

$$J = 100 \text{ A}, \qquad e = 110 \text{ V}.$$

Beide Zahlen liefern die Leistung

$$P_a = 110 \cdot 100 \cdot 11\,000 \text{ Wt}$$

und diese muß durch die Ordinatenlänge

$$0,0005 \cdot 11\,000 = 5,5 \text{ cm}$$

dargestellt werden, was der Wattskala zufolge in der Tat der Fall ist.

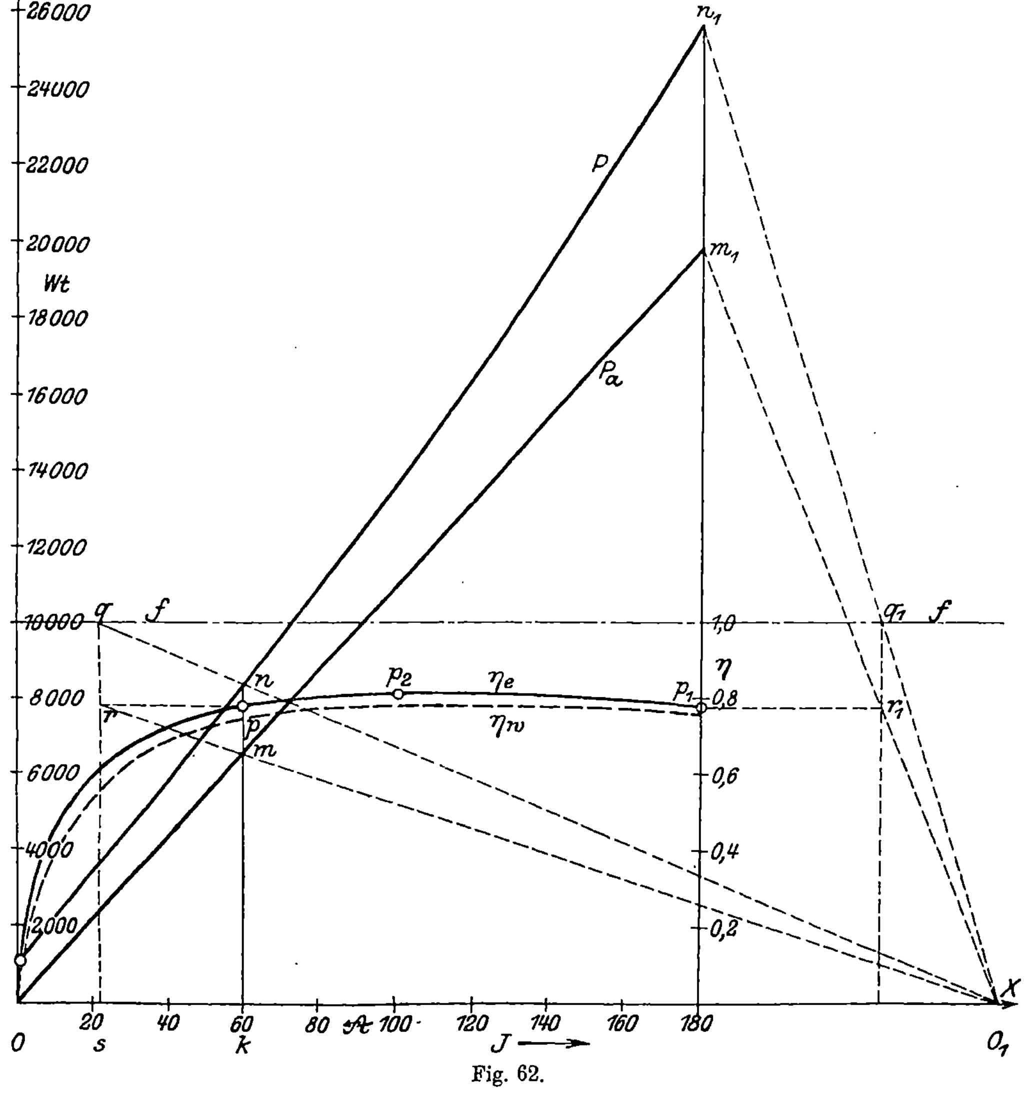

Fig. 62.

Der elektrische Wirkungsgrad $\eta_e = \dfrac{P_a}{P}$ ist in Fig. 62 als Funktion von J aus der P- und P_a-Kurve abgeleitet. Im Interesse einer möglichst übersichtlichen Zeichnung ist als Ausgangspunkt der Strahlen nicht O, sondern O_1 gewählt. Die Maßgerade ff ist parallel OX im Abstande 5 cm gezogen, da dem Wirkungsgrade 1,0 die Länge 5 cm entsprechen soll. Für $J \not= Ok$ sei $P \not= kn$, $P_a \not= km$.

Durch die Verbindung von O_1 mit n wird auf ff der Schnittpunkt q erhalten. Zieht man durch diesen die zu OX senkrechte Gerade qs, die von $O_1 m$ in r geschnitten wird, dann stellt rs den Wert von η_e dar, der zu $J \not= Ok$ gehört. Man braucht daher nur r auf km zu projizieren, um in p den gesuchten Punkt zu erhalten.

Auf diese Weise ergibt sich nach Konstruktion weiterer Punkte die durch O ziehende η_e-Kurve. Dieselbe ist, soweit die Zeichnung reicht, konkav gegen die Abszissenachse, steigt zunächst von O aus steil an und zeigt dann wenig veränderliche Werte von η_e. Für den Punkt p_2 etwa ist bei sehr flachem Verlauf ein Maximum vorhanden, so daß dem Endpunkt p_1 ein wenig kleineres η_e entspricht. Ob genanntes Maximum in der Zeichnung, also für die angenommenen Betriebsgrenzen $J = 0$ bis $J = \overline{J}$, überhaupt in die Erscheinung tritt, hängt von dem Höchstwerte des Belastungsstromes $\overline{J}$ ab.

Der Charakter der Kurve für den wirtschaftlichen Wirkungsgrad, gestrichelt gezeichnet, ergibt sich aus der Erwägung, daß der relative Unterschied $\dfrac{\eta_e - \eta_w}{\eta_e}$ beider Größen um so kleinere Beträge aufweist, je größer die Gesamtleistung P ist, u. u.

Die Abhängigkeit der Leistungsgrößen vom äußeren Widerstande w ist in Fig. 63 und 64 dargestellt. Unter 63a ist die $P(J)$-, $P_a(J)$- und $w(J)$- Kurve verzeichnet. Die Kurven unter 63b für $P(w)$ und $P_a(w)$ werden in mehrfach erläuterter Weise aus ersteren abgeleitet (s. z. B. Fig. 15, 16, S. 21 und 22).

Beide Kurven fallen bei ähnlichem Verlaufe mit zunehmendem Widerstande gegen die Abszissenachse ab. Diejenige für $P_a(w)$ erscheint als gleichseitige Hyperbel. Dem höchst zulässigen Werte des Stromes $\overline{J}$ unter a entspricht der kleinst zulässige Widerstand $w' \not= O_1 s_0$ unter b. Die P-Kurve nähert sich bei unbegrenzt wachsendem w asymptotisch einer parallel mit $O_1 X_1$ gezogenen Geraden mit einer Ordinate entsprechend $E_l \cdot J_n$. Letztere stellt die bei offenem Kreise in der Maschine verloren gehende Leistung dar. Die P_a-Kurve nähert sich asymptotisch der Abszissenachse.

Bei gleichem Konstruktionsprinzip ist in Fig. 64 die $\eta_e(w)$-Kurve unter b aus der für $\eta_e(J)$ unter a abgeleitet. Erstere beginnt ent-

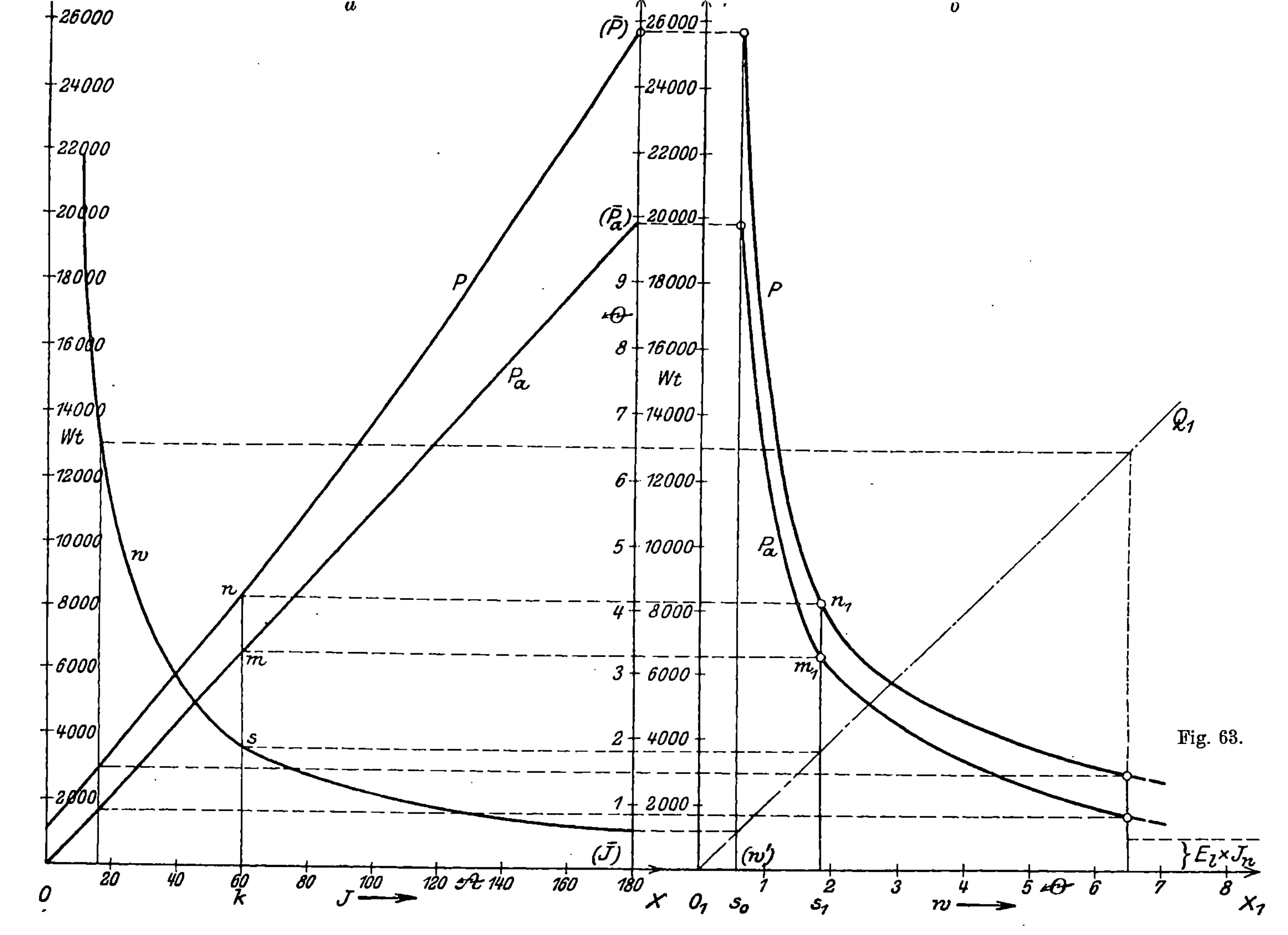

Fig. 63.

Y
8
7
6
5
4
3
2
1
O
s
w
m
ηe
a
k
20
40
60
80
100
120
140
160
180
J
O'
Y'
1,0
0,8
0,6
0,4
0,2
η
Y₁
O₁
so
po
ηe
ηw
b
Q
p
1
2
3
4
5
6
w
k₁
X₁

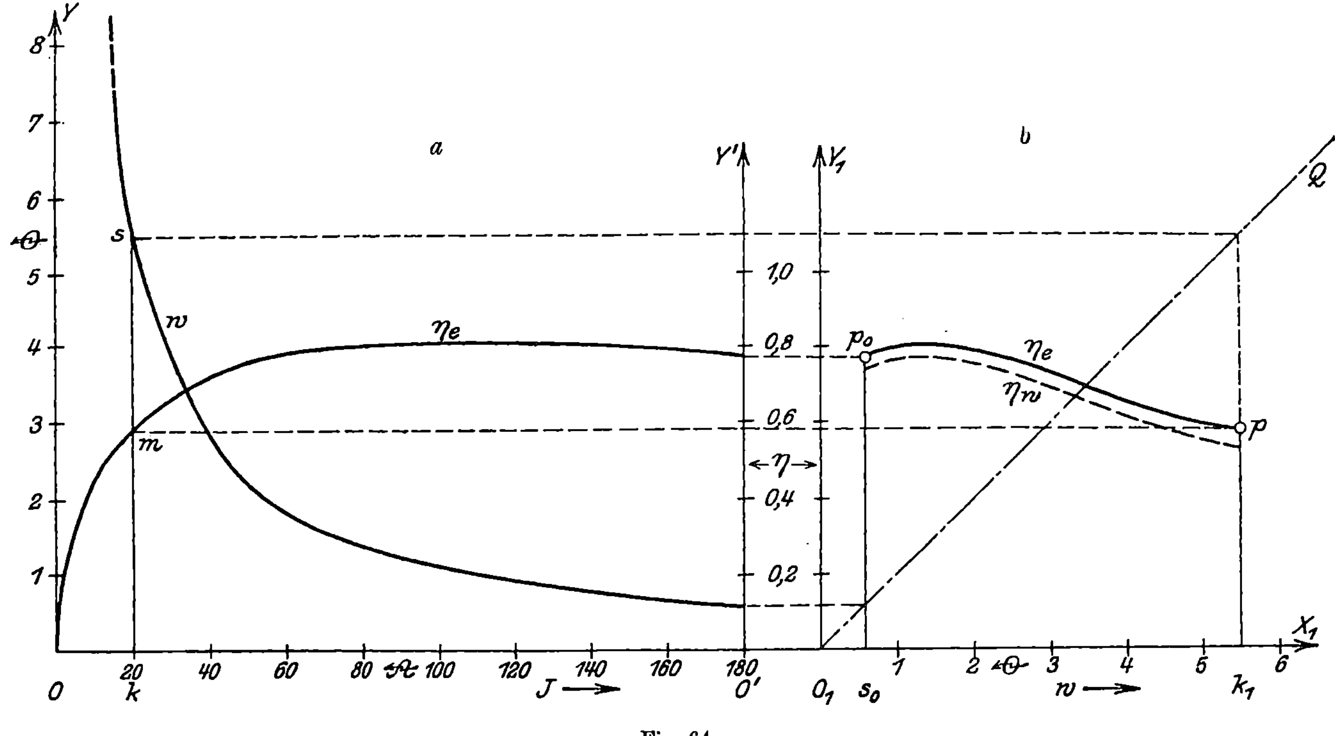

Fig. 64.

sprechend der Abszisse $O_1 s_0 \neq w'$ in p_0, steigt zunächst wenig an bis zu einem Maximum, das nicht unbedingt aufzutreten braucht, und fällt dann mit asymptotischer Annäherung gegen $O_1 X_1$ ab. Die Kurve für η_w ist darunter angedeutet.

Nebenschluß zwischen den Bürsten. Bei der zweiten Schaltung für konstante Klemmenspannung liegt der Nebenschluß zwischen den Bürsten, s. Fig. 65. Die Buchstaben sind dieselben wie bei der ersten Schaltung, außerdem ist noch die Bürstenspannung durch e_b bezeichnet. Fig. 66 stellt die Abhängigkeit der EK von der magnetomotorischen Kraft, in Amperewindungen (AW) ausgedrückt, dar.

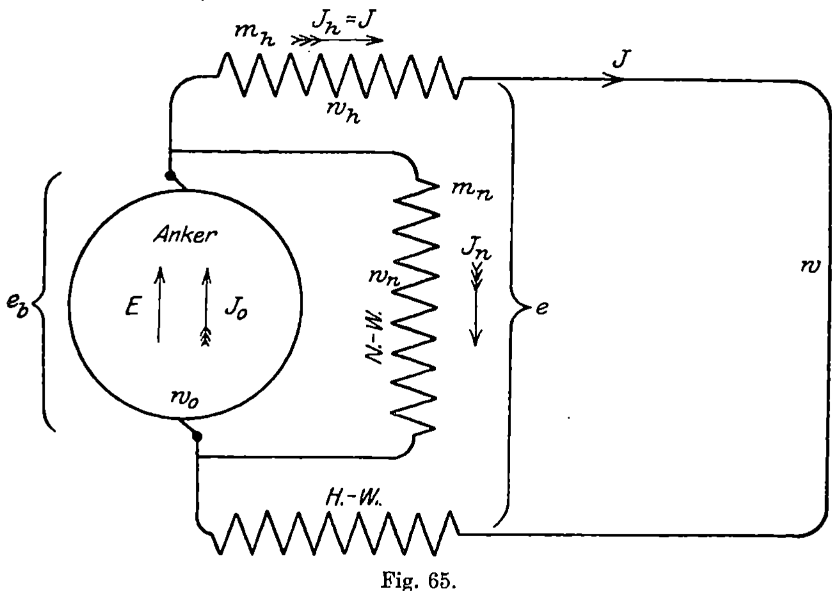

Fig. 65.

Für Leerlauf, $J = 0$, ist die

$$\mathrm{MK}_l = J_{nl} \cdot m_n = \frac{e \cdot m_n}{w_n},$$

da

$$J_{nl} = \frac{e_{bl}}{w_n} = \frac{e}{w_n}.$$

Die MK_l ist in der Figur durch die Abszisse $O_1 O$ dargestellt. Ihr entspricht die EK

$$E_l = e_{bl} + J_{nl} \cdot w_0 = e + \frac{e \cdot w_0}{w_n} = e\left(1 + \frac{w_0}{w_n}\right) \neq O s_0.$$

Fließt in der äußeren Leitung ein Strom J und bezeichnet J_n, hier von J_{nl} verschieden, den Nebenschlußstrom, dann ist dieser

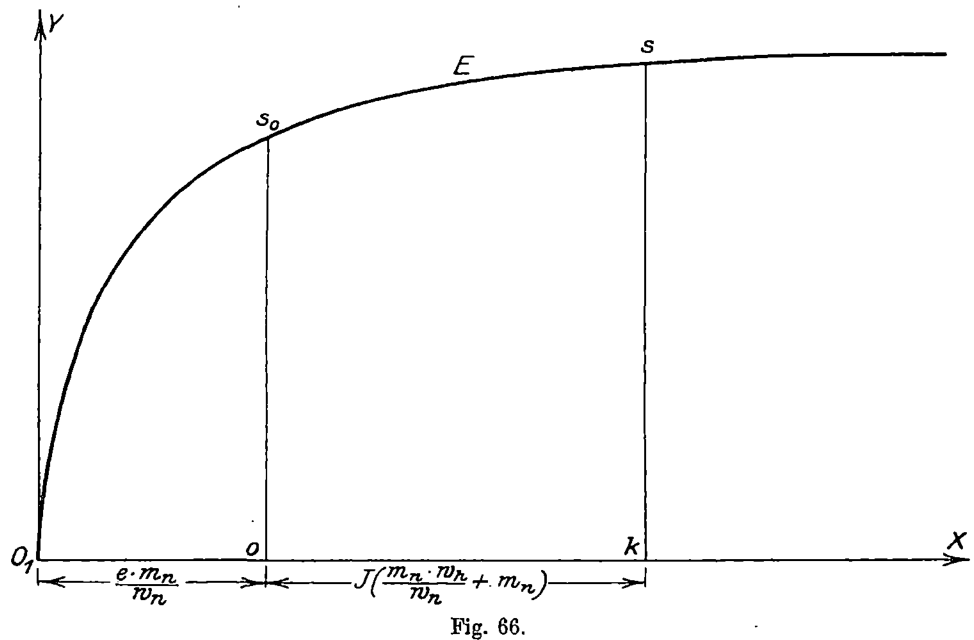

$$\frac{e \cdot m_n}{w_n}$$

$$J\left(\frac{m_n \cdot w_h}{w_n} + m_n\right)$$

Fig. 66.

$$J_n = \frac{e_b}{w_n} = \frac{e + Jw_h}{w_n}$$

und die

$$\mathrm{MK} = J_n \cdot m_n + J \cdot m_h$$

$$= \frac{(e + J \cdot w_h)\, m_n}{w_n} + J \cdot m_h$$

$$= \frac{e \cdot m_n}{w_n} + J\left(\frac{m_n \cdot w_h}{w_n} + m_h\right)$$

$$\mathrm{MK} = \mathrm{MK}_l + J\left(\frac{m_n w_h}{w_n} + m_h\right).$$

Dabei ist

$$E = e + J \cdot w_h + J_0 w_0.$$

Durch Einsetzen von

$$J_0 = J + J_n = J + \frac{e + J \cdot w_h}{w_n}$$

ergibt sich

$$E = e\left(1 + \frac{w_0}{w_n}\right) + J\left[w_0\left(1 + \frac{w_h}{w_n}\right) + w_h\right]$$

$$E = E_l + J\left[w_0\left(1 + \frac{w_h}{w_n}\right) + w_h\right]$$

Die Formel für die MK läßt erkennen, da $O_1 O \neq \mathrm{MK}_l$ ist, daß die weitere Zunahme der MK, dargestellt durch Ok, dem äußeren Strome J proportional ist. Versteht man daher unter Änderung des Abszissenmaßstabes unter Ok die Stärke des äußeren Stromes, dann liefert die von s_0 an gerechnete Kurve $s_0 s$ die $E(J)$-Charakteristik, s. Fig. 67.

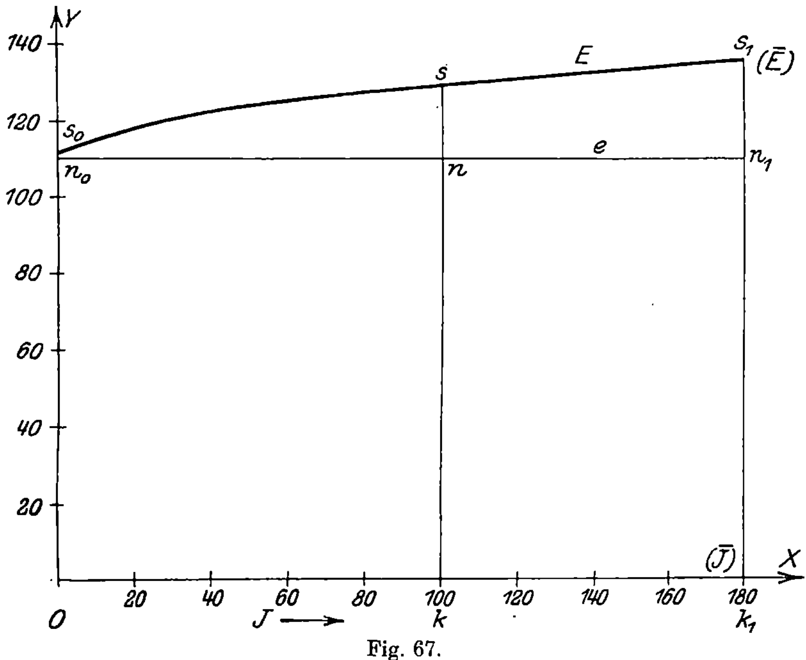

Fig. 67.

Bildet man den Quotienten aus der Zunahme der EK und MK vom Leerlauf $(J = 0)$ an gerechnet, also

$$\frac{E - E_l}{\mathrm{MK} - \mathrm{MK}_l} = \frac{w_0\left(1 + \dfrac{w_h}{w_n}\right) + w_h}{\dfrac{m_n \cdot w_h}{w_n} + m_h}$$

so erkennt man, daß dieser unter Voraussetzung einer konstanten Klemmenspannung konstant sein müßte, d. h. die E-Kurve in Fig. 67 müßte von s_0 an als ansteigende Gerade verlaufen. Das ist nun nicht der Fall, d. h. eine streng konstante Klemmenspannung ist auch hier nicht möglich. Die tatsächlich erreichbare sehr genäherte Konstanz ergibt sich wie bei der früheren Schaltung durch den Umstand, daß das betreffende Stück der E-Kurve wegen seines flachen Verlaufs mit geringer Abweichung von der Wirklichkeit durch eine

Y
Y'
Y₁
a
b
Q
Q₁
E
(E)
e
e_b
(e_b)
J_o
J_h = J
J_n
w
(w')
(J_ni)
(J_oi = J_ni)
(J = 0)
O
O'
O₁
O₂
J ⟶
w ⟶
X₁
20 40 60 80 100 120 140 160 180
1 2 3 4 5 6 7 8
20 40 60 80 100 120 140
1 2 3 4 5 6 7 8 9

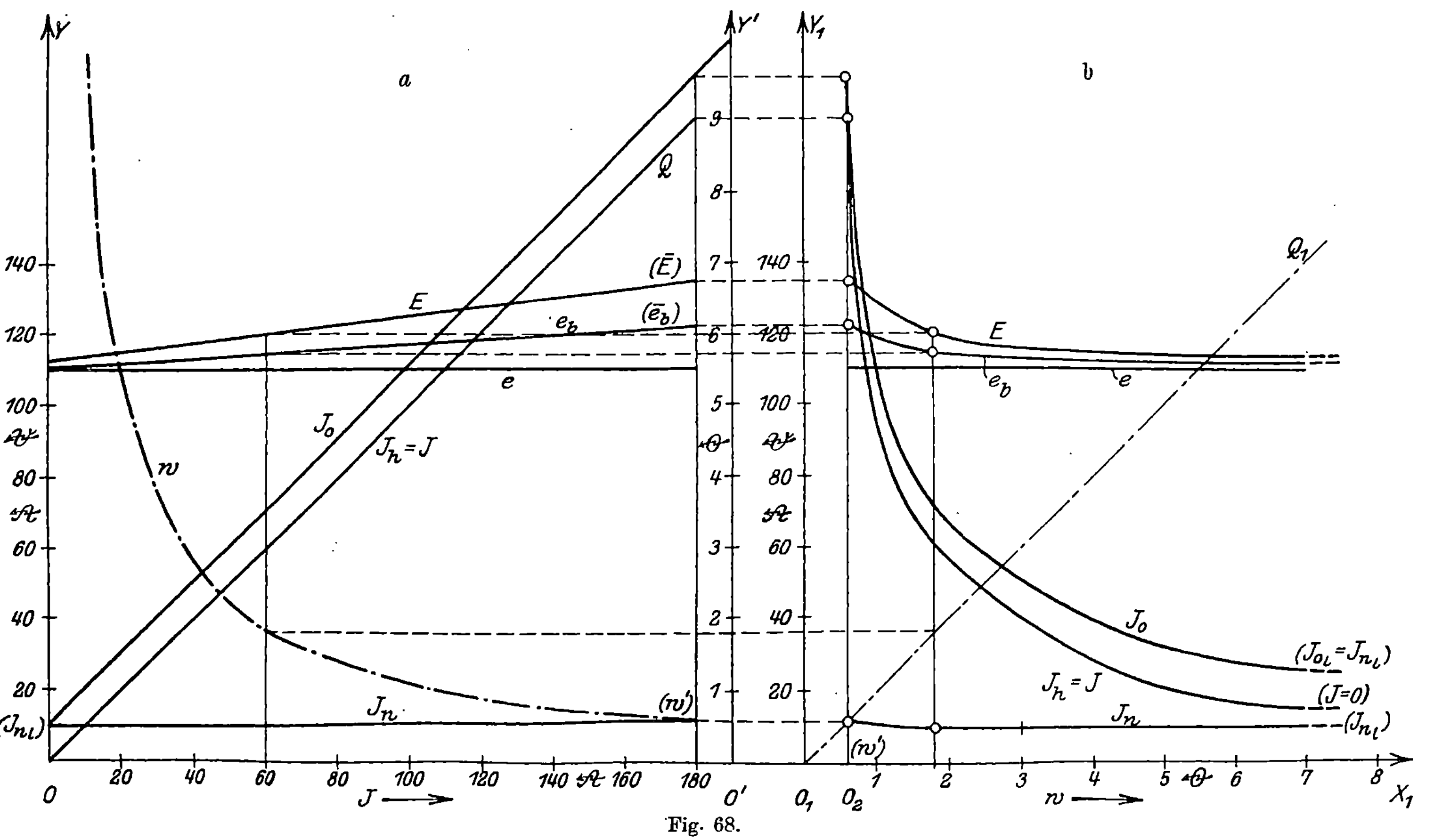

Fig. 68.

ansteigende Gerade ersetzt werden kann. Das soll für die Verzeichnung der Kurven vorausgesetzt werden.

Diese gestalten sich fast ebenso wie bei der Schaltung „Nebenschluß zwischen den Klemmen". Es genügt daher, bei der in Rede stehenden Schaltung nur auf die Abweichungen gegen die frühere Schaltung hinzuweisen.

Die Abhängigkeit der einfachen elektrischen Größen von der Stärke des äußeren Stromes wird hier durch die Zeichnung der Fig. 68 a dargestellt, die sich von der entsprechenden der Fig. 59 nur durch den Verlauf der inneren Stöme etwas unterscheidet, während der Charakter der übrigen Kurven derselbe bleibt. In 68a ist neben der Klemmenspannung auch die Bürstenspannung eingetragen.

Zufolge der Beziehung

$$J_n = \frac{e}{w_n} + \frac{J \cdot w_h}{w_n} = J_{nl} + \frac{J \cdot w_h}{w_n}$$

ist hier der Nebenschlußstrom nicht konstant, sondern wächst linear mit J; jedoch ist wegen des Faktors $\dfrac{w_h}{w_n}$ neben J das Anwachsen ein schwaches, wie das die $J_n(J)$-Gerade zum Ausdruck bringt. Der Strom J_h in der Hauptstromwicklung, früher gleich dem Ankerstrome, ist hier gleich dem äußeren Strome, wird folglich durch eine in O beginnende unter 45^0 Neigung gegen OX ansteigende Gerade OQ dargestellt. Der Ankerstrom $J_0 = J_h + J_n$ wird durch Addition der Ordinaten der beiden letztgenannten Geraden erhalten. Die resultierende Gerade beginnt für $J = 0$ mit J_{nl} und steigt, da J_n wenig veränderlich ist, unter einem Neigungswinkel an, der etwas größer als 45^0 ist. Die $E(J)$-, $e(J)$- und $w(J)$-Kurve bleibt dieselbe wie in Fig. 59.

Leitet man daher, wie in Fig. 68b geschehen ist, die Kurven für die Abhängigkeit vom äußeren Widerstande ab, entsprechend dem Verfahren bei Fig. 60, dann ergibt sich folgendes. Die Kurven beginnen für die kleinste Abszisse $w' = \dfrac{e}{J} \neq O_1 O_2$. Die $E(w)$-, $e(w)$- und $J(w)$-Kurve ist dieselbe wie in 60b. Gezeichnet ist auch die $e_b(w)$-Kurve, die zwischen denen für E und e verläuft. Die $J_n(w)$-Kurve wird, von einer Parallelen zu $O_1 X_1$ wenig abweichend, eine gegen dieselbe konvexe, schwach abfallende Kurve mit asymptotischer Annäherung an den Grenzwert J_{nl} für Leerlauf. Die $J_0(w)$-Kurve fällt als gleichseitige Hyperbel ab, um sich demselben Grenzwerte zu nähern. Der Ordinatenunterschied zwischen der $J_0(w)$- und $J(w)$-Kurve ist indessen hier nicht ganz konstant wie in Fig. 60.

Die Verzeichnung der Kurven für die Leistungen P und P_a sowie für den elektrischen Wirkungsgrad η_e bedarf keiner eingehenden Besprechung, da das für die Figuren 61 bis 64 angewandte Verfahren ohne weiteres auf den vorliegenden Fall übertragen werden kann und zu den nämlichen Kurvenformen führt.

III. Bewicklungsprobleme.

Die Frage nach der Bewicklung einer elektrischen Maschine jeder Art, auch eines Transformators, läßt sich allgemein beantworten auf Grund der Gleichungen und geometrischen Darstellungen, die auf den Gesetzen des magnetischen Kreises beruhen. Hinsichtlich dieses Verfahrens wird auf die eingehenden Darstellungen in den Lehrbüchern, namentlich auch auf die Originalarbeit von J. und E. Hopkinson[1] „Dynamo-Electric-Machinery" verwiesen.

Hier soll ein Verfahren erläutert werden, das sich dann als empfehlenswert erweist, wenn ein bestimmt dimensioniertes Eisengerüst, wie es fabrikmäßig in vielen gleichen Exemplaren hergestellt wird, für einen gegebenen Zweck bewickelt werden soll. Der Anker nebst Bewicklung sowie die Drehzahl werden als fest gegeben vorausgesetzt.

Für den genannten Zweck sind graphische Methoden wohl zuerst von M. Deprez[2] angegeben. Später hat u. a. A. G. Strömberg[3] dieselben erweitert und dafür anschauliche und elegante Darstellungen mitgeteilt. Im folgenden soll das Wesen der Strömbergschen Methode, jedoch in etwas modifizierter Weise, erläutert werden.

Grundlegend für die ganze Behandlungsweise ist die Charakteristik der EK bei konstantem Ankerstrom. Diese kann durch besondere Versuche ein für allemal mittels einer auf die Schenkel gebrachten Probewicklung von bekannter Windungszahl m ermittelt werden. Letztere werden separiert durch einen gemessenen Strom J erregt, der mittels des Regulators I geändert werden kann, s. Fig. 69.

Der Ankerstrom J_k wird ebenfalls gemessen, dabei aber durch einen Regulator II auf konstanter Höhe gehalten, auch wenn J geändert wird. Durch Messung der Ankerspannung e wird leicht die EK $= E_k$ erhalten. Es werde für das folgende vorausgesetzt, daß

------

[1] J. und E. Hopkinson, Phil. Trans. 177, S. 331, 1886.
[2] M. Deprez, Lum. électr. 5, S. 325 ff., 1881.
[3] A. G. Strömberg, Centralbl. f. Elektrot. 9, S. 283, 1887.

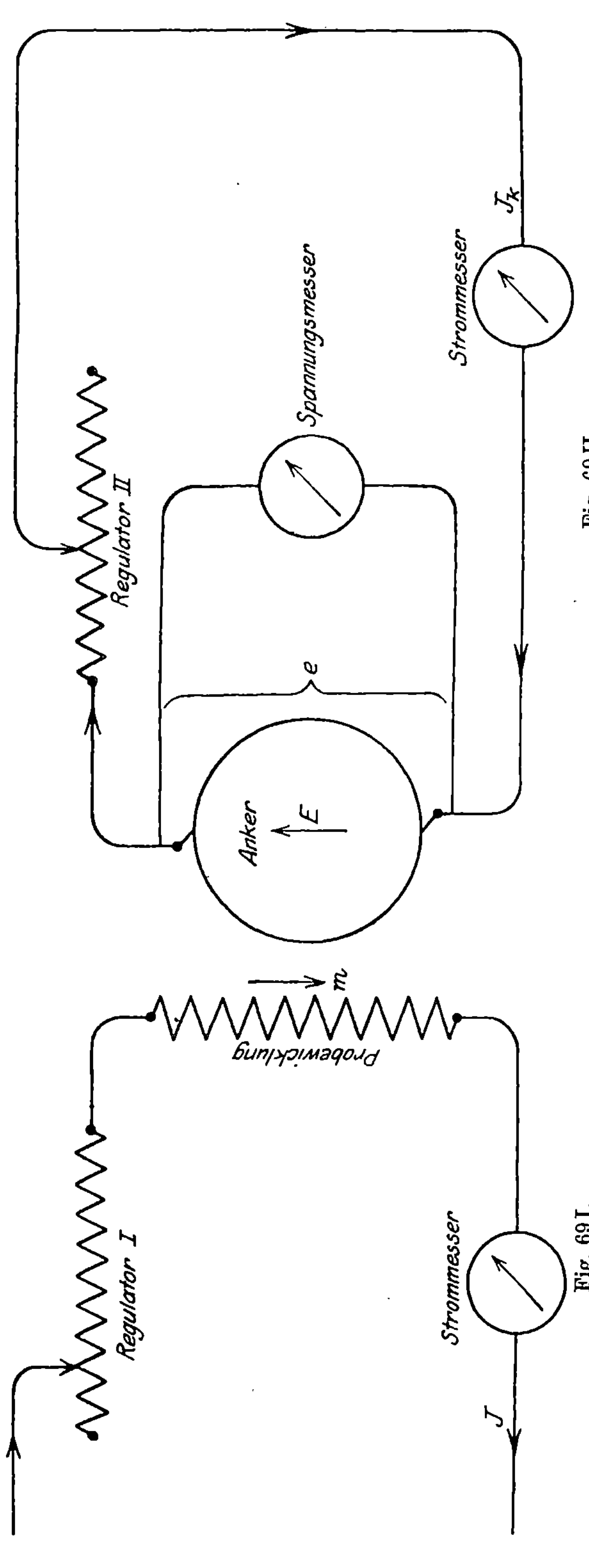

Fig. 69 II.

Fig. 69 I.

bei jeder Messung die Bürsten auf das Minimum der Funkenbildung eingestellt sind.

Auf Grund derartiger Versuche läßt sich eine Charakteristik konstruieren, deren Abszissen die MKe in AW gleich $J \cdot m$, deren Ordinaten die EKe in Volt für den konstanten Ankerstrom J_k und die festgesetzte Drehzahl darstellen. Neben der Charakteristik für einen endlichen Ankerstrom muß für einige Probleme auch diejenige für offenen Stromkreis, $J_k = 0$, aufgenommen werden. Sind Bewicklungen für verschiedene Ankerströme zu ermitteln, dann erscheint es zweckmäßig, mehr als zwei Charakteristiken festzulegen.

Es ist ohne weiteres ersichtlich, daß wegen der feldschwächenden Wirkung des Ankerstromes, die hier voll berücksichtigt wird, eine Charakteristik um so kleinere Ordinaten besitzen, d. h. um so tiefer liegen muß, je größer J_k ist. Fig. 70 deutet dieses für die Ströme Null, 25 und 50 A an.

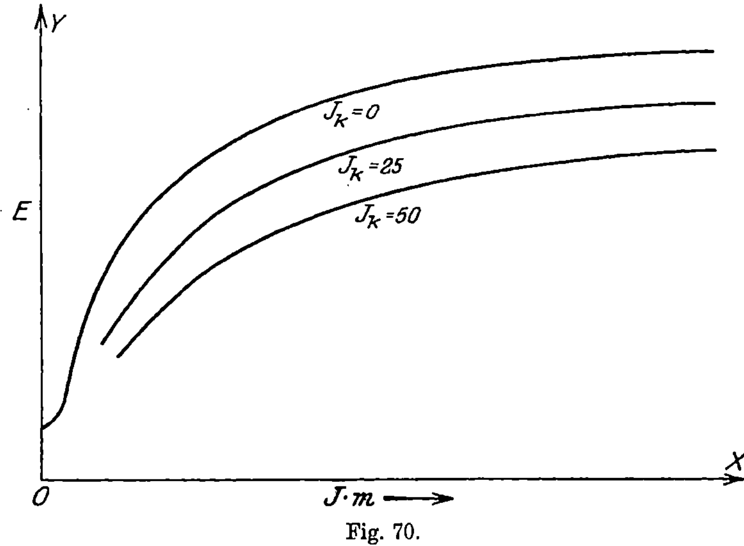

Fig. 70.

Die Aufnahme von mehr als zwei Kurven durch den direkten Versuch läßt sich umgehen durch Benutzung des von Strömberg aufgestellten Satzes: „Die entmagnetisierende Kraft des Ankerstromes ist proportional der Stromstärke im Anker, wenn die die Schenkel magnetisierende Kraft konstant gehalten wird." Von dieser Vereinfachung wird hier indessen abgesehen, da der genannte Satz innerhalb gewisser Grenzen wohl eine genügende Annäherung darstellen, aber nicht allgemein richtig sein kann.

Es soll i. f. die Magnetbewicklung eines Hauptstromgenerators bestimmt werden. Für diese sind folgende Größen zu ermitteln:

die Windungszahl m_h,

der Widerstand w_h,

der Drahtquerschnitt s.

Verlangt sei, daß der Generator bei einer Stromstärke von i A eine Klemmenspannung von e V liefere. Der Ankerwiderstand sei gleich w_0 Ω gegeben.

Unter diesen Verhältnissen ist beim Ankerstrom i die EK

$$E_{ii} = e + i(w_0 + w_h)$$
$$= [e + iw_0] + i \cdot w_h.$$

Der Drahtquerschnitt wird vorläufig mittels einer angenommenen Stromdichte δ, bezogen auf 1 mm², berechnet gleich

$$s\,(\mathrm{mm}^2) = \frac{i}{\delta}.$$

Aus den Dimensionen des Eisengerüstes ist mit möglichster Annäherung die mittlere Länge einer Windung l in Metern zu entnehmen. Man erhält daher den Widerstand einer Windung

$$w_1 = \frac{w_h}{m_h} = \sigma\,\frac{l}{s}\cdot\Theta,$$

wenn σ den spezifischen Widerstand des Kupfers bezeichnet für eine Temperatur, die für den Betrieb als zulässig anzusehen ist.

Substituiert man

$$w_h = w_1\,m_h{}^1$$

in den Ausdruck für E_{ii}, so ergibt sich

$$\left.\begin{aligned} E_{ii} &= [e + iw_0] + w_1\,i\,m_h\\ &= [e + iw_0] + w_1\,\mathfrak{F}_{ii} \end{aligned}\right\} \quad\cdot\ (4)$$

wenn $\mathfrak{F}_{ii} = i\,m_h$ die zu bestimmende MK bezeichnet. Der doppelte Index ii neben E und $\mathfrak{F}$ ist dahin zu verstehen, daß das erste i sich auf den Ankerstrom, das zweite auf den hier gleich starken Magnetisierungsstrom bezieht.

In Fig. 71 ist die Charakteristik für den konstanten Ankerstrom i verzeichnet. Dabei sei 1 W durch ϱ_1 cm, 1 AW durch ϱ_2 cm dargestellt. In der Figur ist $\varrho_1 = 0{,}1$ cm, $\varrho_2 = 0{,}0005$ gewählt. Die magnetomotorische und elektromotorische Kraft $\mathfrak{F}_{ii}$ und E_{ii} wird dann graphisch, wie folgt, vermittelt.

Auf der Ordinatenachse (Fig. 71) wird $OA \gtrless e + iw_0$ abgetragen.

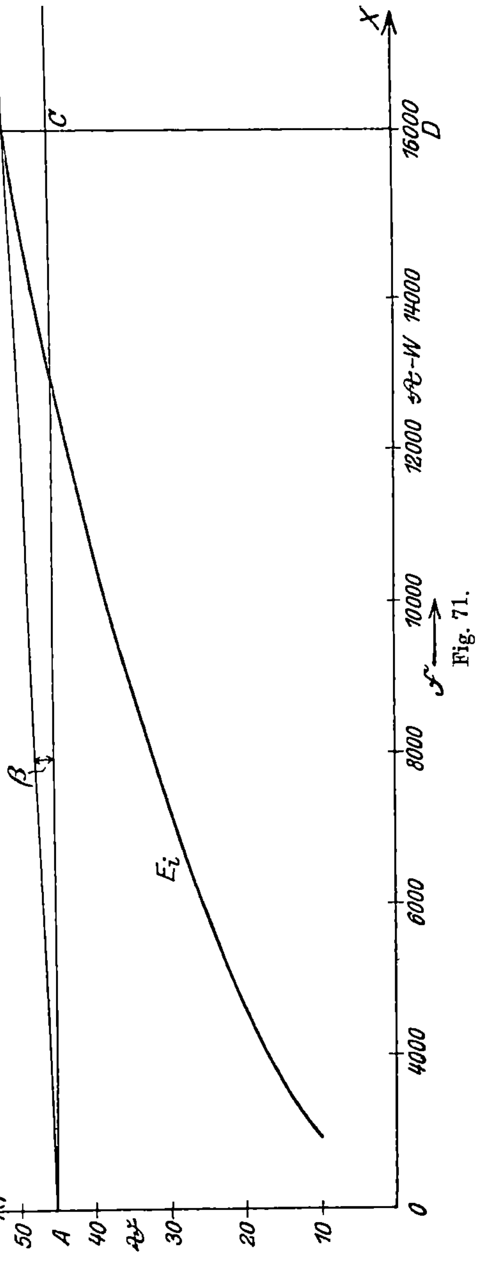

Fig. 71.

Parallel zu OX ziehe man AC und lege durch A die Gerade AB unter solchem Neigungswinkel $BAC = \beta$, daß

$$\frac{\varrho_2}{\varrho_1}\,\operatorname{tg}\beta = w_1 = \frac{w_h}{m_h}$$

wird. Der Schnittpunkt B zwischen AB und der Kurve ergibt dann die Lösung der Aufgabe. Denn OD und BD liefern für die an die Hauptstrommaschine gestellten Forderungen die Werte von $\mathfrak{F}_{ii}$ und E_{ii}. Dies begründet sich folgendermaßen.

Der Konstruktion zufolge ist

$$BD = OA + BC$$
$$= \varrho_1(e + iw_0) + AC \cdot \operatorname{tg}\beta$$
$$= \varrho_1(e + iw_0) + AC \cdot \frac{\varrho_1}{\varrho_2}\,w_1 \,;$$

oder es wird, da

$$\frac{AC}{\varrho_2} = \mathfrak{F}\,(\mathrm{MK}),$$

$$BD = \varrho_1(e + iw_0) + \varrho_1 \cdot w_1 \cdot \mathfrak{F}.$$

Es ist daher die auf graphischem Wege gefundene EK

$$\frac{BD}{\varrho_1} = E_i = (e + iw_0) + w_1\mathfrak{F} \quad . \quad . \quad . \quad . \quad . \quad (5)$$

Andererseits verlangt die Aufgabe nach (4)

$$E_{ii} = (e + iw_0) + w_1\,i\,m_h = (e + iw_0) + w_1\mathfrak{F}_{ii}.$$

Somit gilt für das Abhängigkeitsverhältnis zwischen den gesuchten Größen $\mathfrak{F}_{ii}$ und E_{ii} dieselbe Zahlenbeziehung wie für die konstruktiv gefundenen und damit bekannten $\mathfrak{F}$ und E_i. Es muß daher

$$\mathfrak{F}_{ii} = i\,m_h = \mathfrak{F}$$
$$E_{ii} = E_i$$

sein.

Aus dem abgelesenen Wert $\mathfrak{F} = i\,m_h$ berechnet sich durch Division mit i ohne weiteres die gesuchte Windungszahl

$$m_h = \frac{\mathfrak{F}}{i}.$$

Ferner ist der Widerstand durch

$$w_h = m_h \cdot w_1$$

gegeben. Der Wert der EK ist ebenfalls durch die Zeichnung gegeben, kann aber auch durch Rechnung nach Formel (4) für E_{ii} bestimmt werden.

Da die Berechnung des Drahtquerschnitts s mittels der Stromdichte (s. S. 85) nicht genügend sicher ist, wird man, nachdem die Konstanten der Wicklung vorläufig ermittelt sind, eine Berechnung der Erwärmung der Schenkel nach geeigneten Regeln, die größere Sicherheit bieten, vornehmen[1]). Wird die Erwärmung hiernach eine zu große, dann ist s größer zu wählen, und Rechnung sowie Konstruktion sind zu wiederholen. Dabei wird man eventuell einen etwas geänderten Wert der mittleren Windungslänge l einführen, der sich aus der gefundenen Windungszahl m_h und dem zuerst angenommenen s unter Berücksichtigung der Isolation und der Länge der innersten Windung berechnen läßt.

Über die Ermittlung der Bewicklung einer Nebenschluß- und Gleichspannungsmaschine siehe A. G. Strömberg l. c.

IV. Die charakteristischen Kurven des Gleichstrommotors.

Die charakteristischen Kurven der Gleichstrommotoren sollen in der Voraussetzung abgeleitet werden, daß der Betrieb bei konstanter Klemmenspannung erfolgt. Vorausgesetzt wird dabei, daß die EK bei bestimmter Drehzahl, also auch bei der Drehzahl Eins, als Funktion des magnetisierenden Stromes gegeben ist, falls die Maschine als Stromerzeuger arbeiten würde. Es wird dieselbe als gleich angenommen der elektromotorischen Gegenkraft (EGK), die beim Betriebe als Motor auftritt, falls der magnetisierende Strom und die Drehzahl den nämlichen Wert wie beim Betriebe als Generator besitzen. Ohne diese Annahme, die nur als genähert richtig anzusehen ist[2]), würden die weiteren Entwicklungen bedeutend an Einfachheit verlieren.

Als grundlegende Abhängigkeitsverhältnisse für das Studium des Motors gelten die folgenden.

1. Zunächst ist zu nennen der Ausdruck für das gesamte elektromagnetische Drehmoment, welches der Motor entwickelt. Dieses wird zur Leistung der Nutz- und Verlustarbeit verwendet. Für dasselbe gilt bei zweipoliger Maschine die Gleichung

$$A = \frac{0,1622}{10^9}\, n_0\, \mathfrak{Z}_0\, J_0 \quad \cdot \quad \cdot \quad \cdot \quad \cdot \quad \cdot \quad \cdot \quad \cdot \quad (6)$$

---

[1]) S. u. a. J. Fischer-Hinnen. Die Wirkungsweise, Berechnung und Konstruktion elektrischer Gleichstrom-Maschinen. Kap. II, C. 7.

[2]) S. hierüber G. Kapp, Elektrische Kraftübertragung. Kap. IV.

In derselben bezeichnet

Δ das gesamte Drehmoment in kgm,

n_0 die Anzahl der Außenleiter auf dem Anker,

$\mathfrak{Z}_0$ den Induktionsfluß, der den Anker durchsetzt, in CGS-Einheiten (Maxwell),

J_0 die Ankerstromstärke in A.

Bei einer vielpoligen Maschine ist dem Ausdruck für Δ noch als Faktor der Quotient aus der Zahl der Pole p und derjenigen der parallel geschalteten Ankerabteilungen ν beizufügen.

2. Die zweite Beziehung ist gegeben durch die Abhängigkeit des Induktionsflusses von der magnetomotorischen Kraft. Dieselbe ist durch eine Kuve darstellbar, die durch Anwendung der Gesetze des magnetischen Kreises erhalten wird. Es werde gesetzt

$$\mathfrak{Z}_0 = F\,(\mathrm{MK}).$$

Jedoch ist die Funktion $\mathfrak{F}$ algebraisch nicht genau formulierbar.

3. Ferner kommen in Frage zwei Ausdrücke für die elektromotorische Gegenkraft E in V. Für diese gilt]

$$E = \frac{n_0\,\mathfrak{Z}_0\,v}{6\cdot 10^9}\left(\text{bzw.} = \frac{n_0\,\mathfrak{Z}_0\,v}{6\cdot 10^9}\cdot\frac{p}{r}\right)\quad\ldots\ldots\ldots(7)$$

$$E = e - e_i\quad\ldots\ldots\ldots\ldots\ldots\ldots(8)$$

Es bezeichnet dabei

v die Drehzahl in der Minute,

e die Klemmenspannung $\left.\phantom{\begin{matrix}a\\a\end{matrix}}\right\}$ in V.

e_i den Spannungsabfall im Motor

Formel (7) liefert für die Drehzahl

$$v = 6\cdot 10^9\,\frac{E}{n_0\,\mathfrak{Z}_0}\quad\ldots\ldots\ldots\ldots(9)$$

Offenbar bezeichnet

$$\frac{n_0\,\mathfrak{Z}_0}{6\cdot 10^9} = \varepsilon\ .\quad\ldots\ldots\ldots\ldots(10)$$

die EK für die Drehzahl Eins (Min.). Folglich gelten für die Drehzahl auch die Ausdrücke

$$v = \frac{E}{\varepsilon} = \frac{e - e_i}{\varepsilon} = 6\cdot 10^9\cdot\frac{e - e_i}{n_0\,\mathfrak{Z}_0}\quad\ldots\ldots\ldots(11)$$

Substituiert man in der Formel (6)

$$\frac{n_0\cdot\mathfrak{Z}_0}{10^9} = 6\cdot\varepsilon,$$

so wird dadurch Δ auf die Form gebracht

$$\Delta = 0{,}1622\cdot 6\cdot\varepsilon J_0 = 0{,}9731\cdot\varepsilon\cdot J_0\quad\ldots\ldots(12)$$

4. Die totale dem Motor zugeführte Leistung ist gegeben durch die Gleichung

$$P_t = e \cdot J \; (\text{Watt}) \ \ldots \ldots \ldots (13)$$

wenn J den von außen zufließenden Strom bezeichnet.

5. Die vom Anker in Nutz- und Verlustarbeit umgesetzte Leistung stellt sich dar durch

$$P_a = E \cdot J_0 \ \ldots \ldots \ldots (14)$$

6. Der elektrische Wirkungsgrad ist gegeben durch

$$\eta_e = \frac{P_a}{P_t} = \frac{E \cdot J_0}{e \cdot J} \ \ldots \ldots \ldots (15)$$

1. Der konstant magnetische Motor.

Als konstant magnetischer Motor sei bezeichnet ein separiert konstant erregter Motor. Die Anwendung der ersten möglichst kurz gewählten Benennung bietet keine Bedenken dar, da der Nebenschlußmotor, der bei konstanter Spannung ebenfalls konstant erregt ist, durch seine Benennung eine Verwechslung beider Motoren ausschließt. Das einfache Schaltungsschema ist in Fig. 72 dargestellt. Der Ankerwiderstand ist durch w_0, die übrigen Größen sind w. o. bezeichnet.

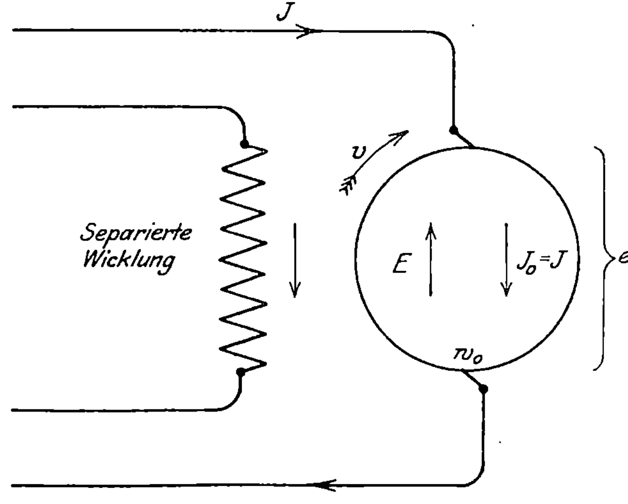

Fig. 72.

Hier ist $\mathfrak{Z}_0$, also auch ε konstant, ferner $J = J_0$. Somit ist das Drehmoment

$$\varDelta = 0{,}9731 \cdot \varepsilon \cdot J$$

proportional dem äußeren Strome oder Ankerstrome, dabei unabhängig von der Klemmenspannung.

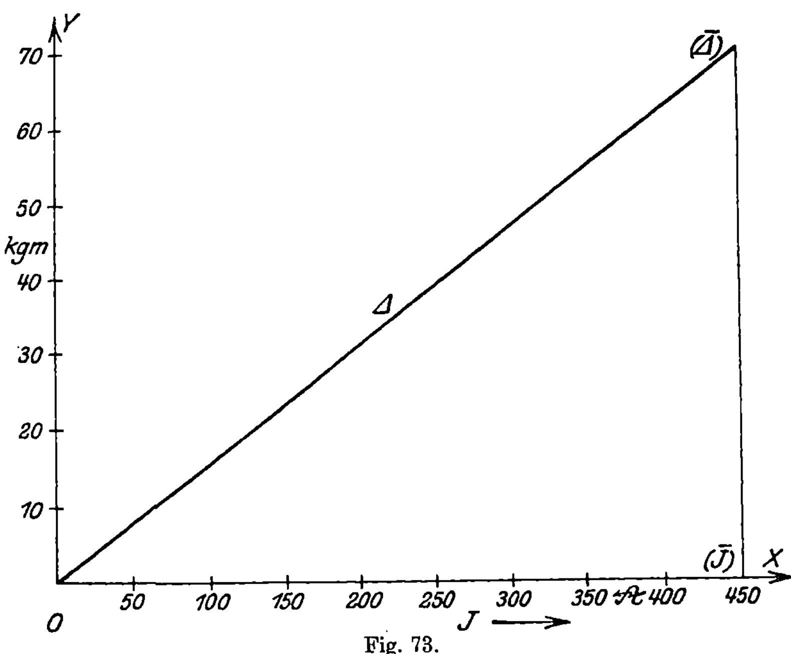

Fig. 73.

Die Beziehung zwischen $\varDelta$ und J wird hiernach durch die Gerade der Fig. 73 dargestellt. Dieselbe besitzt $\varDelta$ als Ordinaten, $J = J_0$ als Abszissen und zieht durch den Anfangspunkt des Koordinatensystems. Bei festgehaltenem Motor $(v = 0)$ erhalten $\varDelta$ und J ihre Höchstwerte $\overline{J}$ und $\overline{\varDelta}$, während für $J = 0$ auch $\varDelta = 0$ wird. Letzterer Zustand kann wegen der Leerlaufswiderstände nicht vollständig erreicht werden. Den ersteren bei voller Spannung zu verwirklichen muß wegen der starken Erwärmung des Ankers für den Motor gefährlich werden.

Im folgenden sollen die sonstigen Abhängigkeitsverhältnisse geometrisch dargestellt werden. Zunächst werde als besonders kennzeichnend für das Verhalten des Motors die Abhängigkeit der Drehzahl von der Stärke des äußeren Stromes sowie von dem Drehmoment abgeleitet.

In Fig. 74 bedeuten die Abszissen die Werte der Stromstärke J von Null bis zum Höchstwert $\overline{J}$ (Stillstand). Parallel zu OX ist die Gerade $m_0 m_1$ gezogen, deren Ordinaten die konstante Klemmenspannung e darstellen. Zieht man $O m_1$, dann ist ersichtlich, daß

$$\operatorname{tg} m_1 OX = \frac{k_1 m_1}{O k_1}$$

$$= \frac{\varrho_1 \cdot e}{\varrho_2 \cdot J} = \frac{\varrho_1}{\varrho_2} \cdot w_0,$$

wenn 1 V durch ϱ_1 cm, 1 A durch ϱ_2 cm dargestellt wird.

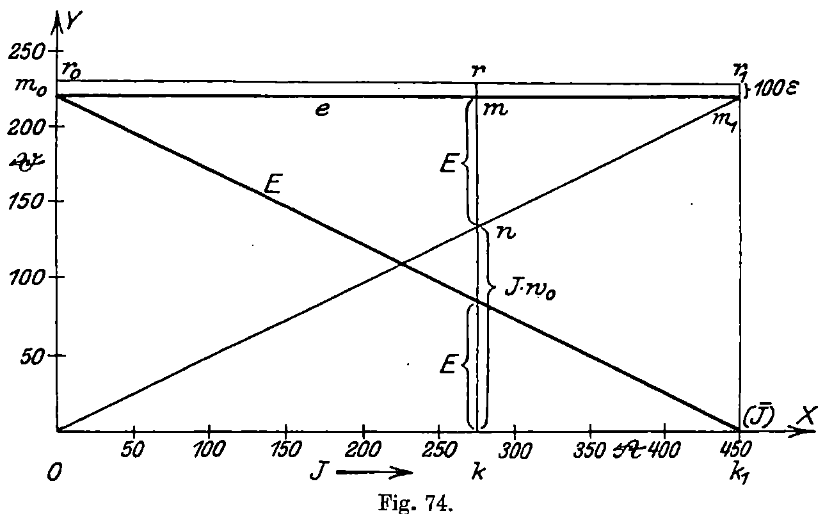

Fig. 74.

Für die beliebige Abszisse $Ok \neq J$ ist

$$k\,n = O\,k \cdot \operatorname{tg} m_1\,O\,X$$

$$= \varrho_2 \cdot J \cdot \frac{\varrho_1}{\varrho_2}\,w_0$$

$$k\,n = \varrho_1 \cdot J \cdot w_0,$$

d. h. $k\,n$ stellt den Spannungsabfall im Anker dar. Ferner ist

$$m\,n = k\,m - k\,n$$

$$= \varrho_1 \cdot e - \varrho_1 \cdot J \cdot w_0$$

$$m\,n = \varrho_1\,(e - J \cdot w_0) = \varrho_1\,E,$$

stellt also die EGK dar. Dieselbe erhält ihren Höchstwert $\bar{E} = e$ für $J = 0$ und verschwindet bei festgehaltenem Motor $(J = \bar{J})$.

Es mögen nun der Anschaulichkeit wegen die konstanten Werte von ε als Ordinatenabschnitte eingetragen werden. Dieselben sollen von $m_0\,m_1$ ausgerechnet werden, so daß der Abstand der Geraden $r_0\,r_1$ von der ihr Parallelen $m_0\,m_1$ ein Maß für ε abgibt. Da ε sehr klein gegen $\bar{E}$ ist, empfiehlt es sich, ein Vielfaches, etwa das 100fache, von ε abzutragen.

Die Drehzahl wird dargestellt durch

$$v = \frac{E}{\varepsilon},$$

führt also als Funktion der Stromstärke, wie ein Blick auf die Figur

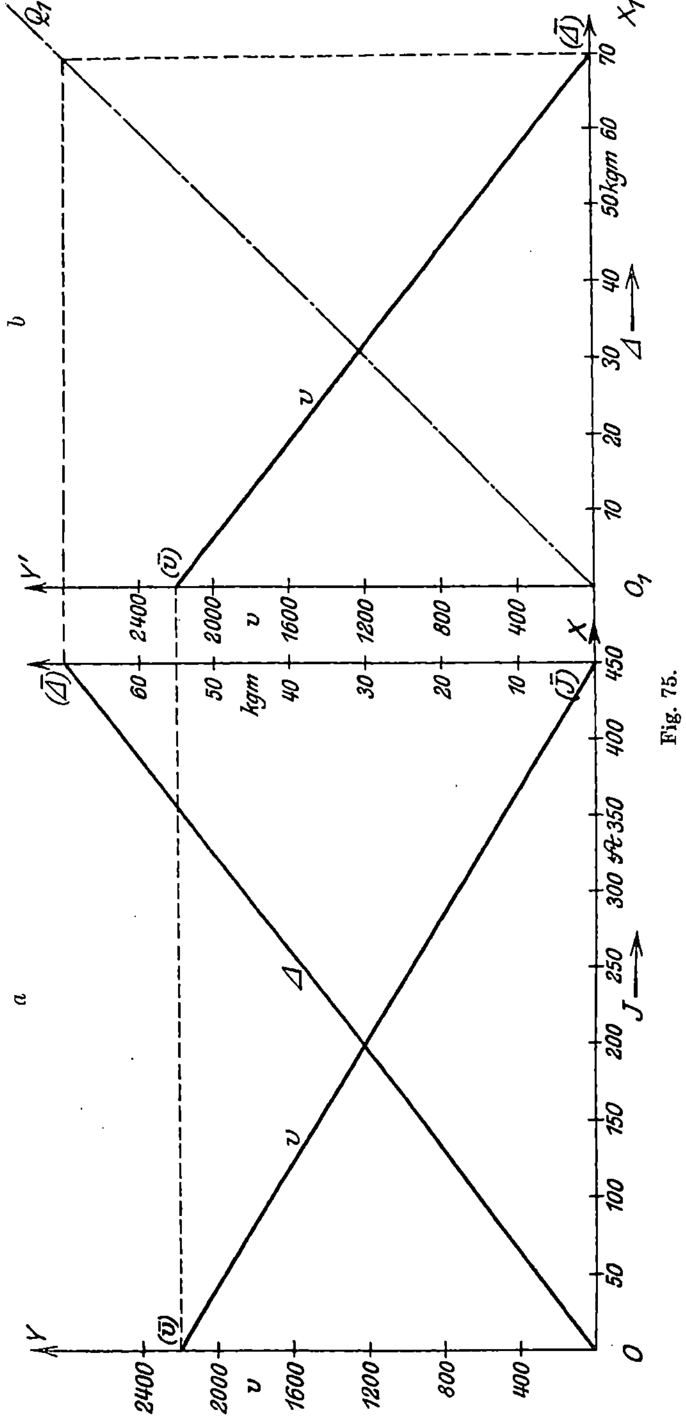
Fig. 75.

zeigt, auf eine gerade Linie. Dieselbe wird am einfachsten erhalten, wenn man für $J = 0$ den Quotienten

$$\frac{\overline{E}}{\varepsilon} = \frac{e}{\varepsilon} = \overline{v}$$

bildet und berücksichtigt, daß der Fall $v = 0$ für $J = \overline{J}$ eintreten muß. Fig. 75a stellt die entsprechende Drehzahl-Charakteristik dar. Der Abfall der Drehzahl für 1 A, ausgedrückt in Bruchteilen der mittleren Drehzahl $\frac{1}{2}\overline{v}$, stellt sich dar durch

$$\frac{\overline{v}/\overline{J}}{\frac{1}{2}\overline{v}} = \frac{2}{\overline{J}} = 2 \cdot \frac{w_0}{e}$$

und ist folglich wegen der geringen Größe von $\dfrac{w_0}{e}$ sehr klein. Die Drehzahl ist daher sehr wenig veränderlich.

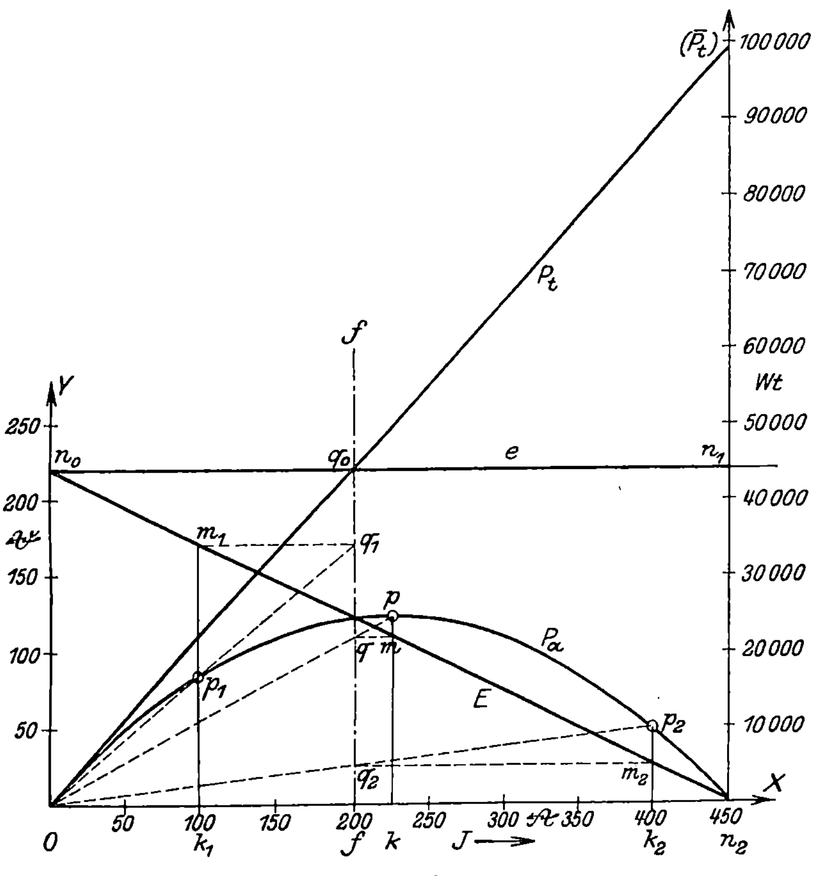

Fig. 76.

Die Gleichung

$$v = \frac{E}{e} = 6 \cdot 10^9 \cdot \frac{e - J \cdot w_0}{n_0 \, \mathfrak{Z}_0}$$

läßt erkennen, daß unter Voraussetzung eines bestimmten Stromes J die Drehzahl dem Induktionsflusse umgekehrt proportional ist. Eine Herabsetzung des Erregerstromes erhöht daher die Drehzahl, während letztere bei verstärkter Erregung eine Abnahme erfährt. Eine so bewirkte Änderung der Drehzahl wird u. a. gelegentlich beim Arbeitsmotor der Leonhard-Schaltung angewendet. Ausführlicheres über derartige Drehzahländerungen siehe später beim Hauptstrom- und Nebenschlußmotor. Die für letzteren abgeleiteten Beziehungen lassen sich leicht auch auf den konstant magnetischen Motor übertragen.

Die als mechanische Charakteristik bezeichnete Kurve stellt die Drehzahl als Funktion des Drehmomentes dar. Da letzteres der Stromstärke proportional ist, erhält man für die $v(\varDelta)$-Kurve ebenfalls eine abfallende Gerade. In Fig. 75b ist dieselbe zeichnerisch aus der $v(J)$- und $\varDelta(J)$-Gerade in ohne weiteres erkennbarer Weise abgeleitet. Die Gerade $O_1 Q_1$ unter b ist dabei unter 45^0 Neigung gegen $O_1 X_1$ gezogen.

Die Arbeitsgrößen sind in den Figuren 76 und 77 zur Darstellung gebracht. Fig. 76 enthält als Abszissen die Werte des Stromes $J = J_0$, als Ordinaten zunächst diejenigen von e und E, deren Gipfelpunkte in den Geraden $n_0 n_1$ und $n_0 n_2$ liegen. Für die Maßgerade $ff \parallel OY$ gilt $Of = 4$ cm, um die Leistungen einzuzeichnen, so daß 10000 Wt durch 1 cm, 1 Wt durch 0,0001 cm dargestellt sind (s. Skala rechts). Denn nach Formel (1a) S. 6 ist, da der Figur zufolge

$$1 \,\mathcal{V} \neq 0{,}02 \text{ cm}$$

$$1 \,\mathcal{A} \neq 0{,}02 \text{ cm}$$

$$Of = \frac{0{,}02 \cdot 0{,}02}{0{,}0001} = 4 \text{ cm}.$$

Die in bekannter Weise vorzunehmende Konstruktion liefert für die totale zugeführte Leistung $P_t = e \cdot J$ die durch P_t bezeichnete Gerade, die durch O und den Schnittpunkt q_0 der Maßgeraden ff mit $n_0 n_1$ hindurchgeht. Die vom Anker umgesetzte Leistung $P_a = E \cdot J_0 = E \cdot J$ führt, wie die Konstruktion erkennen läßt, auf die mit P_a bezeichnete Kurve (Parabel). Dieselbe verläuft konkav gegen OX, steigt von O aus an, fällt nach Überschreitung eines Maximums in p wieder ab und schneidet die Abszissenachse im Punkte n_2, der dem Höchstwerte des Stromes J entspricht. Die Kurve wird durch die Maximalordinate kp in zwei symmetrische Hälften geteilt, so daß sie in O und n_2 die Abszissenachse unter gleichen Winkeln schneidet. Da $\left(\dfrac{d\,P_a}{d\,J}\right)_0 = \left(\dfrac{d\,P_t}{d\,J}\right)_0$ ist, fällt die Kurventangente in O mit der P_t-Geraden zusammen.

Die Kurven für P_t und P_a sind für das ganze prinzipiell mögliche Intervall des äußeren Stromes gezeichnet. Doch können aus bereits genannten Gründen für den wirklichen Betrieb die Teile für sehr kleine und sehr hohe Werte von J nicht in Betracht kommen.

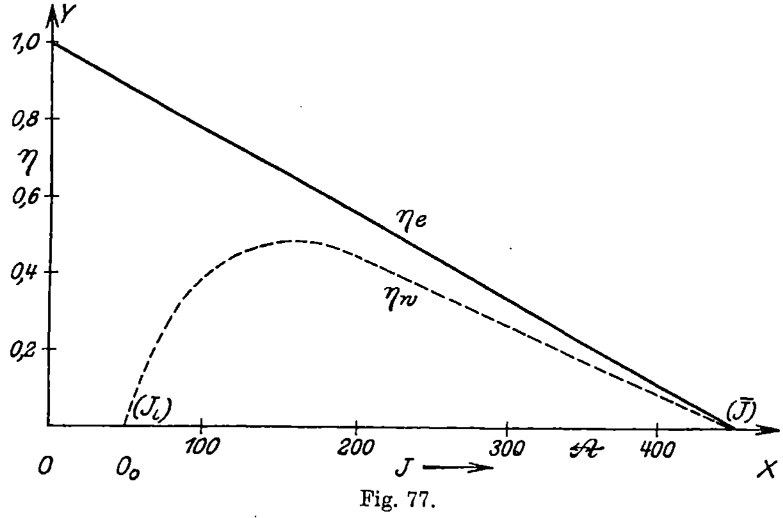

Fig. 77.

Der elektrische Wirkungsgrad ist dargestellt durch

$$\eta_e = \frac{P_a}{P_t} = \frac{E}{e}.$$

Die $\eta_e(J)$-Linie ist demnach wie die $E(J)$-Linie eine abfallende Gerade, wie sie in Fig. 77 gezeichnet ist. Es erscheint sofort ersichtlich in Übereinstimmung mit der Figur, daß

$$\text{für } J = 0, \quad E = e, \quad \eta_e = 1$$
$$\text{für } J = \bar{J}, \quad E = 0, \quad \eta_e = 0$$

sein muß. Diese Grenzwerte kommen jedoch aus obengenannten Gründen für den Betrieb nicht in Betracht.

Bezeichnet P_n die Nutz-, P_v die Verlustleistung, letztere entfallend auf mechanische und Eisenverluste, dann ist der wirtschaftliche Wirkungsgrad gegeben durch

$$\eta_w = \frac{P_n}{P_t} = \frac{P_a - P_v}{P_t}$$
$$\eta_w = \eta_e - \frac{P_v}{P_t}.$$

Hiernach kommt der Wert von η_w demjenigen von η_c um so näher, je größer die zugeführte Leistung P_t ist. Für den Grenzfall $J = \bar{J}$ wird $P_n = 0$, also $\eta_w = \eta_e = 0$. Je kleiner P_t wird, um so kleiner wird η_w im Vergleich mit η_e.

Der kleinste Wert, den J in Wirklichkeit annehmen kann, ist der des Leerlaufstromes J_l, dargestellt durch die Abszisse $O\,O_0$. Da für diese ebenfalls $P_n = 0$ ist, wird auch $\eta_w = 0$. Demnach wird die η_w-Kurve einen Verlauf besitzen, wie ihn die gestrichelte Kurve in Fig. 77 darstellt.

2. Der Hauptstrommotor.

Das Schema des Hauptstrommotors ist in Fig. 78 dargestellt. Der Widerstand der Hauptwicklung ist durch w_h bezeichnet. Für die sonstigen Größen gelten die Buchstaben w. o.

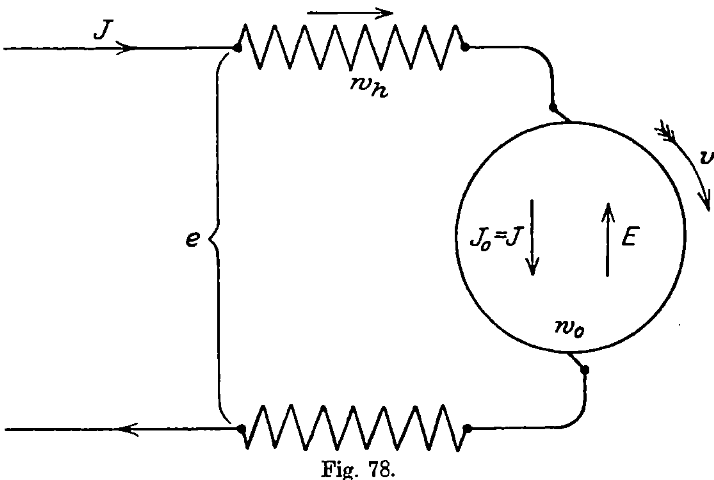

Fig. 78.

Das gesamte Drehmoment stellt sich dar durch die Formel
$$\varDelta \,(\text{kgm}) = 0{,}973 \cdot \varepsilon \cdot J_0 = 0{,}973 \cdot \varepsilon \cdot J.$$

Dasselbe ist unabhängig von der Klemmenspannung, da das gleiche für ε gilt.

Die Ableitung von $\varDelta$ durch graphische Multiplikation ist in Fig. 79 gegeben. Daselbst ist $\varDelta$ als Funktion von J dargestellt.

Zu den Werten von J als Abszissen mit Höchstwert $\bar{J}$ (Stillstand) ist eine Kurve mit den Ordinaten $0{,}973 \cdot \varepsilon$ verzeichnet. Die Maßeinheit ϱ_1 für letztere ist so gewählt, daß $0{,}973 \cdot \varepsilon = 0{,}04$ ꝶ durch 1 cm dargestellt wird, d. h. es ist $\varrho_1 = \dfrac{1}{0{,}04} = 25$ cm. Als

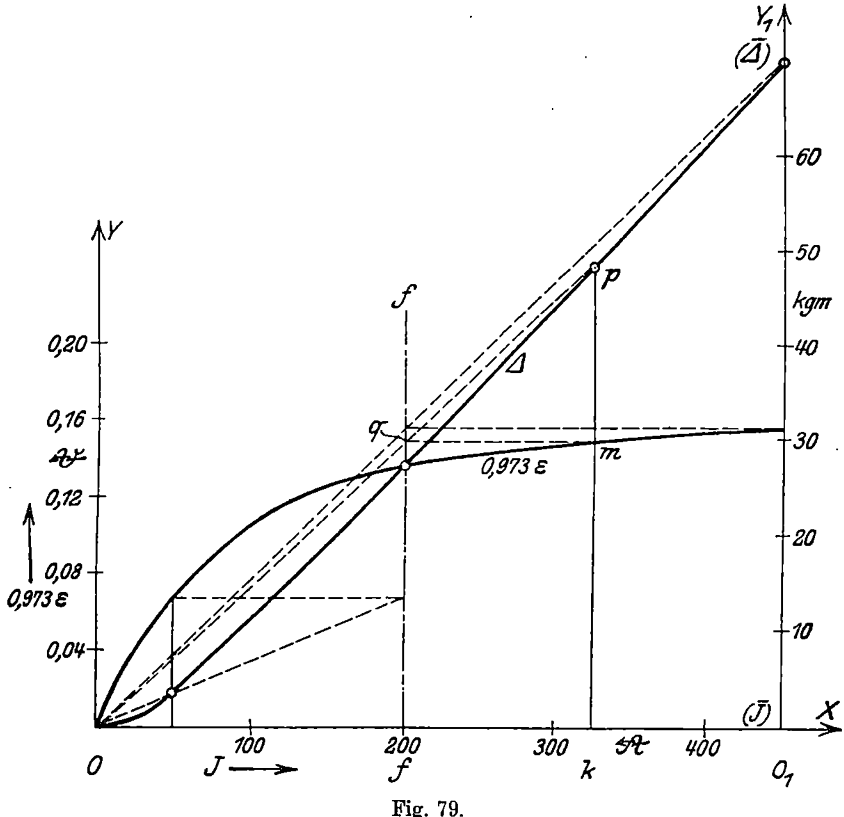

Fig. 79.

Höchstwert von ε ist, $J = \bar{J}$ entsprechend, $\bar{\varepsilon} = 0{,}15\ \mathsf{V}$ angenommen. Ferner ist wie beim vorhergehenden Motor $\varrho_2 = 0{,}02$ cm $(100\ \mathsf{A} \doteq 2$ cm$)$. Die Maßgerade ff ist im Abstande 4 cm parallel OY gezogen.

Der Abszisse $Ok \doteq J$ entspreche die Ordinate $km \doteq 0{,}973 \cdot \varepsilon$. Das zugehörige $\varDelta$ ergibt sich dann wie folgt.

Man fällt von m aus das Lot mq auf ff, zieht die Gerade Oq und verlängert diese bis zum Schnittpunkte p mit der verlängerten Ordinate km. Es stellt dann kp das Drehmoment dar. Die Einheitslänge ϱ für diese ergibt sich aus der Formel (1a) S. 6

$$Of = \frac{\varrho_1 \varrho_2}{\varrho}$$

$$\varrho = \frac{\varrho_1 \cdot \varrho_2}{Of} = \frac{25 \cdot 0{,}02}{4} = 0{,}125 \text{ cm},$$

d. h. 10 kgm werden durch 1,25 cm dargestellt (s. Skala auf $O_1 Y_1$).

Die Konstruktion weiterer Punkte führt auf eine durch O ziehende, gegen OX im ganzen schwach konvexe Kurve, die nur in der Nähe von O stärkere Krümmung besitzt und in O tangential zur Abszissenachse wird.

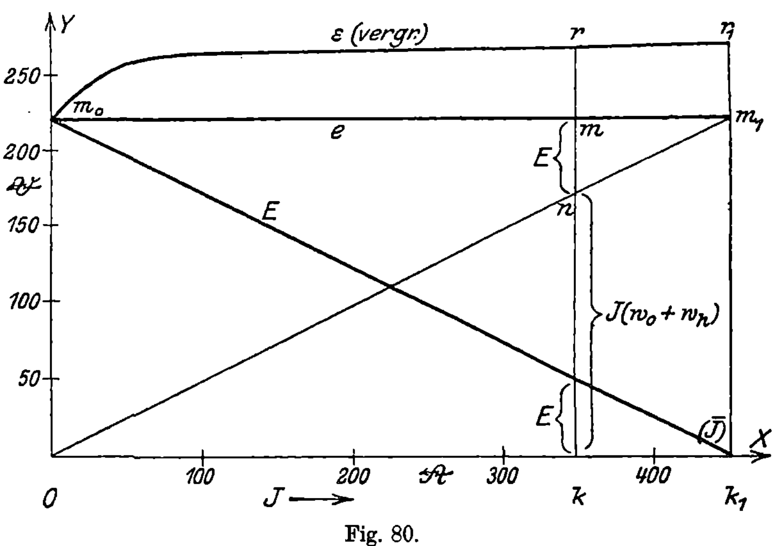

Fig. 80.

In Fig. 80 ist außer der konstanten Spannung e die Abhängigkeit des Spannungsabfalls im Motor, sowie diejenige der elektromotorischen Gegenkraft von der Stromstärke dargestellt. Als Abszissen sind die Werte der Stromstärke $J = J_0 \, (\varrho_2 = 0{,}02)$ abgetragen. Für die Voltordinaten ist $\varrho_1 = 0{,}02 = \varrho_2$ gewählt.

Die Gerade Om_1 liefert zunächst ein Mittel, den Motorwiderstand $w_0 + w_h$ darzustellen. Ähnlich wie beim konstant magnetischen Motor (s. S. 90) ist hier

$$\operatorname{tg}\,(m_1\,OX) = \frac{\varrho_1}{\varrho_2}\,(w_0 + w_h).$$

Wie dort ergibt sich hier

$$kn = \varrho_1 \cdot J(w_0 + w_h)$$
$$mn = \varrho_1\,[e - J(w_0 + w_h)] = \varrho_1 \cdot E,$$

d. h. kn stellt den Spannungsabfall im Motor, mn die EGK dar. Dieselbe hat ihren Höchstwert $Om_0 \neq e$ für $J = 0$, nimmt mit zunehmendem J linear ab und verschwindet bei festgebremstem Motor, d. h. für $J = \bar{J}$. Die Gerade $m_0 k_1$ stellt E in gewöhnlicher Weise dar, d. h. mit Ordinaten, die von OX aus abzumessen sind.

Um den Verlauf der Drehzahl in Abhängigkeit von der Stromstärke zum Ausdruck zu bringen, soll auch die $\varepsilon\,(J)$-Kurve eingetragen werden. Der Anschaulichkeit wegen sind, da ε in der Zeichnung zu klein erscheinen würde, die ε entsprechenden Längen vergrößert dargestellt, ferner sind die Ordinaten nicht von OX, sondern von $m_0 m_1$ aus eingetragen, so daß das obere Ende der Strecke für E z. B. nm mit dem unteren von $\varepsilon \neq rm$ zusammenfällt.

Da für die Drehzahl die Gleichung gilt

$$v = \frac{E}{\varepsilon}$$

ist für

$$J \neq Ok$$

$$v \neq \frac{mn}{mr}$$

Das betreffende Verhältnis, wie es die Figur zur Darstellung bringt, liefert daher eine Anschauung der Abhängigkeit der Drehzahl von der Stromstärke.

Eine weitere Verdeutlichung erfährt dieselbe durch die Konstruktion der Drehzahlcharakteristik, d. h. der $v(J)$-Kurve, wie sie Fig. 81 zeigt. Hier ist für die Abszissenwerte J die $E(J)$-Gerade und die $1000\,\varepsilon(J)$-Kurve eingetragen.

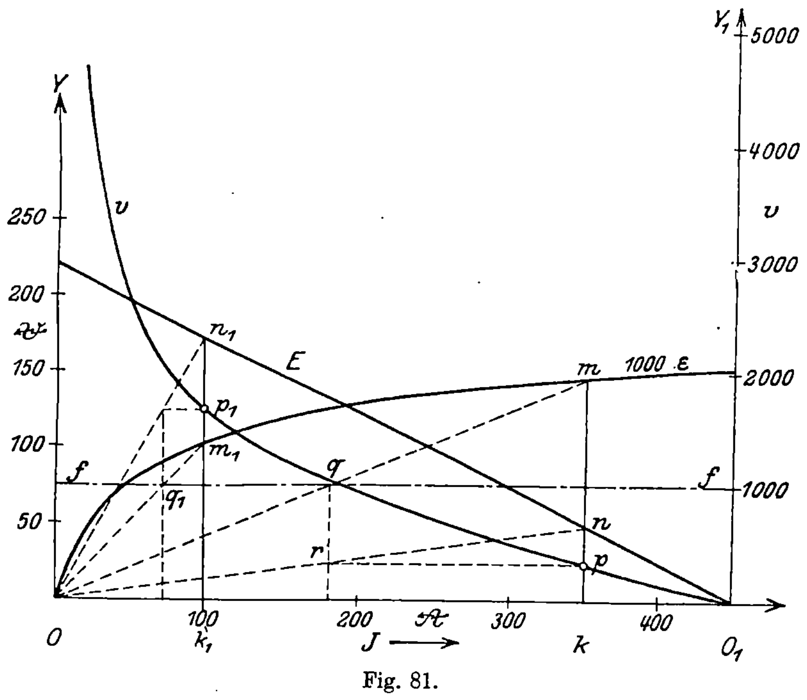

Fig. 81.

7*

Für die rechts auf $O'Y'$ aufgetragene v-Skala gilt bei der Ordinatendivision folgendes. Die Einheitslänge für E und $1000 \cdot \varepsilon$ ist die nämliche (0,02 cm) nach Skala auf OY. Die Maßgerade ff werde im Abstande 1,5 cm parallel OX gezogen. Nach den Ausführungen auf S. 8—9 ist für den zunächst zu konstruierenden Quotienten $\dfrac{E}{1000 \cdot \varepsilon} = \dfrac{v}{1000}$ dessen Einheit durch die Länge $\varrho = 1{,}5$ cm dargestellt. Da dieser aber der Drehzahl 1000 entspricht, bedeutet auf der Skala $O_1 Y_1$ die Länge 1,5 cm die Drehzahl 1000.

Die Ermittlung der einzelnen Punkte der $v(J)$-Kurve kann folgendermaßen vorgenommen werden. Für

$$J = Ok \quad \text{ist} \quad E = kn, \quad 1000\,\varepsilon = km.$$

Man zieht die Gerade Om, welche die Maßgerade ff in q schneide. Die durch q gelegte Ordinatenlinie werde von On in r geschnitten. Durch Fällen eines Lotes rp auf kn wird $kp = v$ gefunden. Die auf diese Weise sich ergebende gegen OX konvex gekrümmte Kurve verläuft gegen OY asymptotisch. Das ergibt sich ohne weiteres aus dem Umstande, daß für $J = o$

$$v = \frac{e}{v} = \infty$$

sein muß.

Ein Anwachsen der Drehzahl ins Unendliche kann selbst bei unbelastetem Motor tatsächlich nicht eintreten. Denn in diesem Falle wird der Strom nicht Null, sondern erhält einen endlichen kleinen Wert, welcher die Leerlaufsleistung liefert. Da jedoch ein bedeutendes Anwachsen der Drehzahl bei normaler Spannung eintritt, ist es gefährlich für den Motor, diesen ohne Belastung laufen zu lassen.

Die als „mechanische Charakteristik" bezeichnete Kurve stellt die Abhängigkeit der Drehzahl vom Drehmomente dar. Sie ist in Fig. 82 unter b aus der $\varDelta(J)$- und $v(J)$-Kurve abgeleitet. Letztere sind unter a verzeichnet.

Im Koordinatensystem $X'O'Y'$ ist $O'Q'$ unter 45^0 Neigung gegen $O'X'$ gezogen. Zu der Abszisse $Ok = J$ gehören $km = \varDelta$, $kn = v$.

Man zieht mm_1 und $k_1 m_1$ so, daß

$$O'k_1 = km = \varDelta$$

wird und projiziert n im Punkte p auf $k_1 m_1$. Es sind dann

$$O'k_1 = \varDelta, \quad k_1 p = v$$

zusammengehörige Werte.

Durch Konstruktion weiterer Punkte kann die $v(\varDelta)$- Kurve festgelegt werden. Ihr Verlauf ist im ganzen demjenigen der $v(J)$-

Y
70
60
50
40
30
20
10
Δ
v
a
Δ
m
n
0
100
200
k
J
R
300
400
(Δ̄)
O₁
Y₁
Y'
O'
5000
4000
3000
2000
1000
v
p₁
m₁
p
10
20
30
40
50
60
70
k₁
Δ
X'
(Δ̄)
b
Q'
v

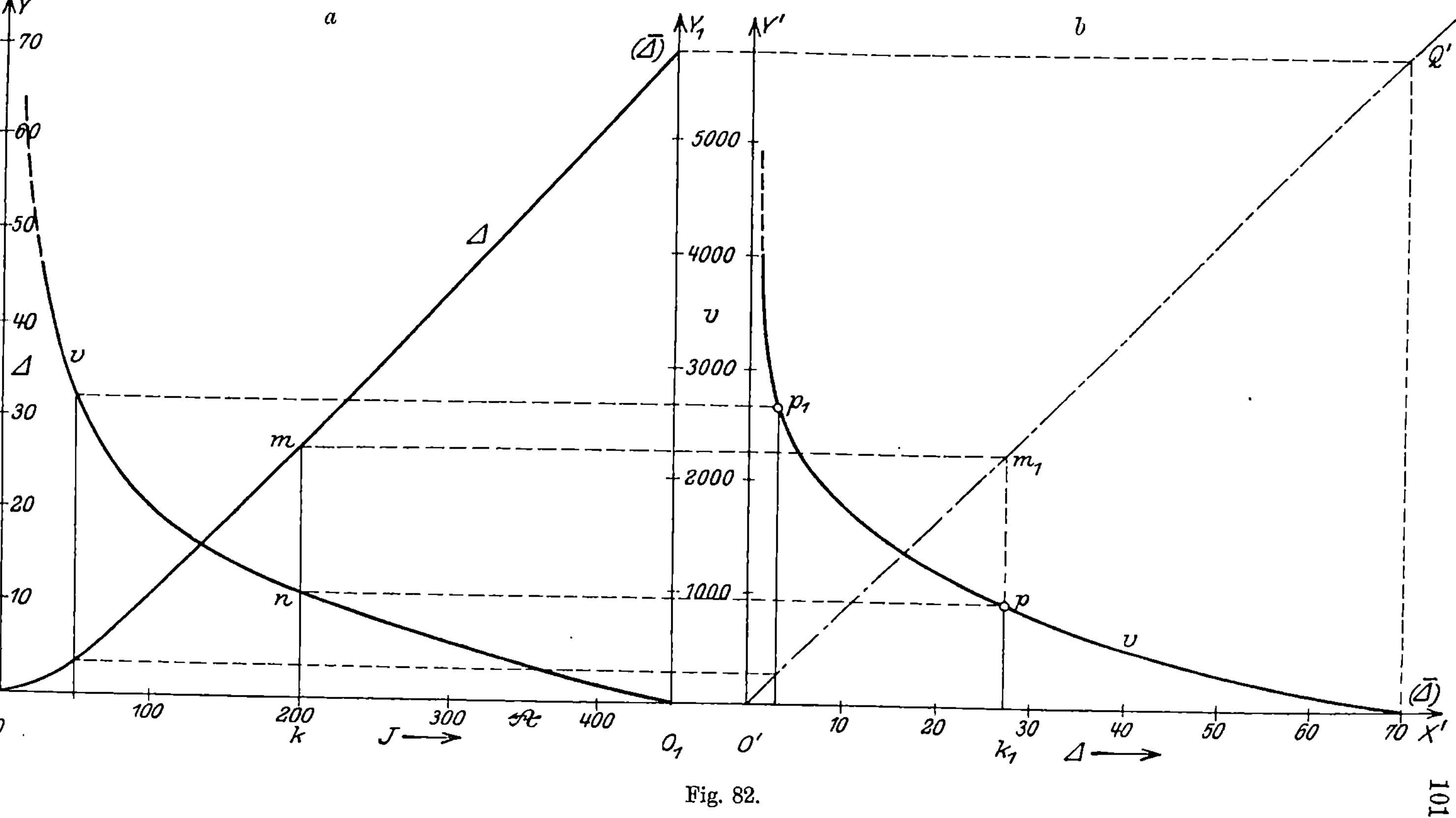

Fig. 82.

Kurve ähnlich.   Auch hier ist bei konvexer Krümmung gegen $O'X'$ asymptotische Annäherung an $O'Y'$ (s. hierzu die vorhin gemachten Bemerkungen über das Durchgehen) und ein Abfallen gegen $O'X'$ vorhanden.   Die Kurve endet dabei für den Höchstwert $\varDelta = \overline{\varDelta}$, bei dem $v = 0$ wird.

Eine nähere Besprechung sowie eine besondere graphische Darstellung der Leistungsgrößen ist nicht erforderlich.   Beide gestalten sich qualitativ gleich dem, was darüber gelegentlich der Besprechung der Fig. 76 und 77 bei dem konstant magnetischen Motor dargelegt wurde.   Als einziger, das Prinzip der Zeichnung nicht weiter beeinflussender Unterschied ist zu nennen, daß der spitze Neigungswinkel der $E(J)$-Geraden gegen OX (s. Fig. 76) hier so zu zeichnen ist, daß seine Tangente den Motorwiderstand $w_0 + w_h$ (statt w_0) darstellt.

Der Parallelregulator.   Beim Hauptstrommotor läßt sich

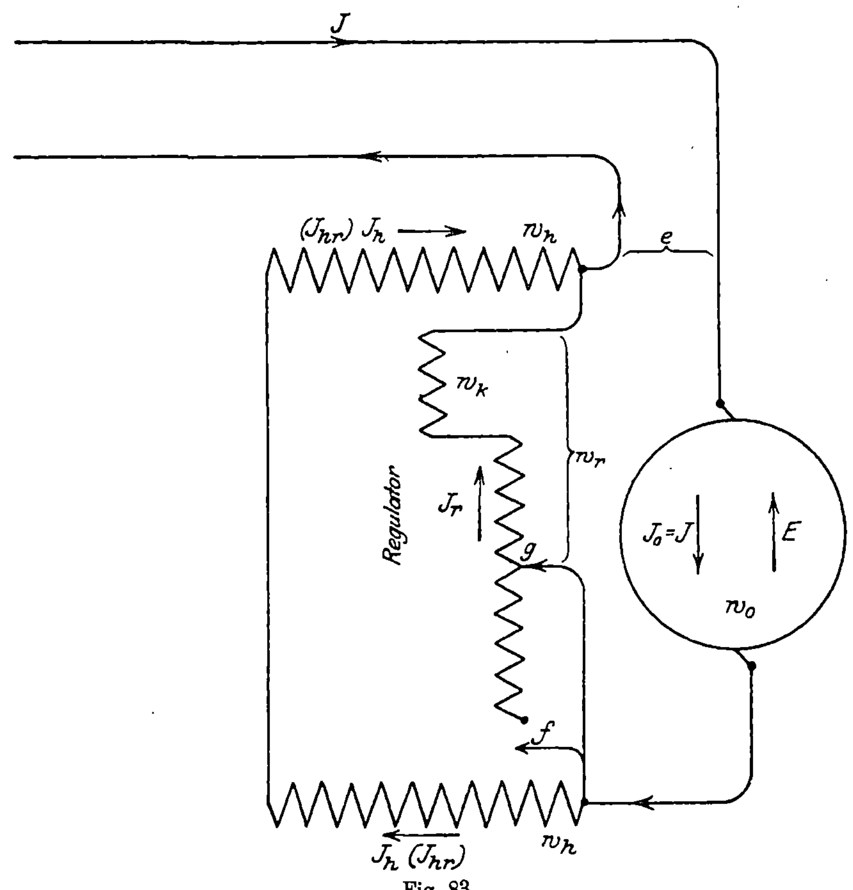

Fig. 83.

eine Regelung der Drehzahl für ein bestimmtes Drehmoment bzw. des Drehmomentes für eine verlangte Drehzahl oder auch eine gleichzeitige Regelung beider durch einen dem Motor vorgeschalteten veränderlichen Widerstand erzielen. Derselbe dient zugleich als Anlaßwiderstand. Seine Wirkung beruht auf einer durch denselben hervorgerufenen Änderung der Motorspannung. Statt oder neben dieser Regelung, die nicht unbeträchtliche Energiemengen verzehrt, wird auch diejenige durch den Parallelregulator verwendet. Letzterer besteht aus einem veränderlichen Widerstande w_r, der den Schenkelwindungen parallel geschaltet ist. Seine Wirkungsweise beruht auf einer durch ihn herbeigeführten Änderung des Induktionsflusses. Fig. 83 zeigt das Schaltungsschema.

Es sei zunächst der Regulator offen, d. h. elektrisch gar nicht vorhanden, oder $w_r = \infty$ (Stellung f des Kontakthebels), wie das bisher angenommen ist, und es werde nun neben w_h ein Regulierwiderstand w_r geschaltet (Stellung g). Diese Änderung hat zur Folge, daß bei Annahme eines bestimmten äußeren oder Ankerstromes die Drehzahl stets wächst, das Drehmoment dagegen abnimmt. Betrachtet man das Drehmoment als eigentliche unabhängige Veränderliche, so wächst bei Einschaltung von w_r die Drehzahl für ein bestimmtes Drehmoment, wenn letzteres klein, erstere groß ist. Es entspricht das den gewöhnlichen Verhältnissen. Bei kleiner Drehzahl und großem Drehmoment verhält sich die Sache umgekehrt. Denn hier bewirkt, was im Betriebe wohl niemals bezweckt wird, ein Einschalten von Widerstand eine Herabsetzung der Drehzahl. Die betreffenden Verhältnisse mögen an der Hand einiger Zeichnungen verdeutlicht werden.

Fig. 84 enthält zunächst dieselben Linien wie Fig. 80, welch letztere dem Fall des ausgeschalteten Regulators entspricht. Die von $m_0 m m_2$ aus gerechneten Ordinaten der Kurve $m_0 r r_1$ stellen die Werte von $700 \cdot \varepsilon$ dar. Ohne den zu 700 angenommenen Zahlenfaktor würde die dem Voltmaßstabe entsprechenden ε allein in der Zeichnung zu klein ausfallen ($\overline{\varepsilon} = 0{,}15$ angenommen). Wird durch den Regulator ein Widerstand w_r parallel zu w_h eingeschaltet, dann ist der Widerstand der beiden Parallelzweige

$$w_{hr} = \frac{w_h \cdot w_r}{w_h + w_r} < w_h$$

und der Motorwiderstand gleich $w_0 + w_{hr}$.

Man zieht nun die Gerade $O m_2$ so, daß

$$\operatorname{tg}(m_2 O X) = \frac{\varrho_1}{\varrho_2}(w_0 + w_{hr})$$

ist, wobei dieselbe ersichtlich unter $O m_1$ zu liegen kommt.

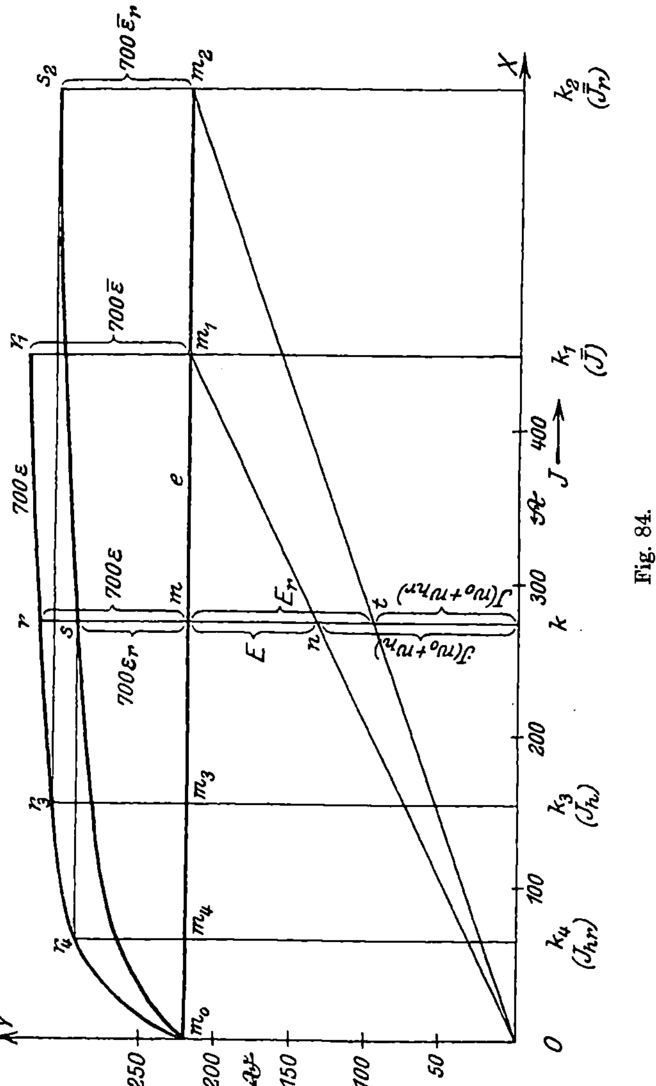

Irgend einer bestimmten Stromstärke $J \neq Ok$, zu der bei ausgeschaltetem Regulator die Größen

$$kn \neq J(w_0 + w_h)$$

$$mn \neq E$$

$$mr \neq 700 \cdot \varepsilon$$

gehören, entsprechen bei vorhandenem Regulatorwiderstande jetzt

$$kt \neq J(w_0 + w_{hr})$$

$$mt = km - kt \neq e - J(w_0 + w_{hr})$$

also
$$mt \neq E_r \,(\text{EGK}).$$

Die EK für die Drehzahl 700 ist ohne Regulatorwiderstand durch mr, bei eingeschaltetem Regulator durch $ms = m_4 r_4$ dargestellt. Letztere wird wie folgt erhalten. Der dieser entsprechende Erregerstrom ist nicht $J_h = J \neq Ok$, sondern

$$J_{hr} = J \frac{w_r}{w_h + w_r} < J.$$

Derselbe möge durch Ok_4 dargestellt werden. Demnach ist die J_{hr} entsprechende Ordinate der $700 \cdot \varepsilon(J)$-Kurve

$$m_4 r_4 \neq 700 \cdot \varepsilon_r.$$

Um diese in anschaulichen Vergleich mit E_r zu bringen, ist $r_4 s \parallel OX$ gezogen, so daß

$$ms \neq 700 \cdot \varepsilon_r$$

ist und diese Strecke sich in m an E_r anschließt. Man könnte so eine Kurve $m_0 s s_2$ verzeichnen, deren von der e-Geraden aus gemessene Ordinaten zu jedem äußeren Strome J als Abszisse die Werte von $700\,\varepsilon_r$ darstellen. Man ersieht aus der Figur, daß bei festgehaltenem Motor der Höchstwert des Stromes durch

$$Ok_1 \neq \overline{J}$$

gegeben ist, wenn der Regulator ausgeschaltet ist. Bei Einschaltung desselben ist dagegen der Höchstwert des äußeren Stromes durch

$$Ok_2 \neq \overline{J_r} > \overline{J}$$

dargestellt, wie sich das auch ohne weiteres aus der Verminderung des Motorwiderstandes bei Einschaltung des Regulators ergibt. Die $700 \cdot \varepsilon(J)$-Kurve verläuft daher zwischen m_0 und r_1, diejenige für $700\,\varepsilon_r(J)$ zwischen m_0 und s_2.

Für ein bestimmtes J ist ersichtlich

$$E_r > E$$

$$\varepsilon_r < \varepsilon$$

folglich
$$\frac{E_r}{\varepsilon_r} > \frac{E}{\varepsilon}$$

d. h.
$$v_r > v.$$

Für ein bestimmtes J wird somit die Drehzahl durch Einschalten von Regulierwiderstand stets erhöht. Auch erkennt man aus der

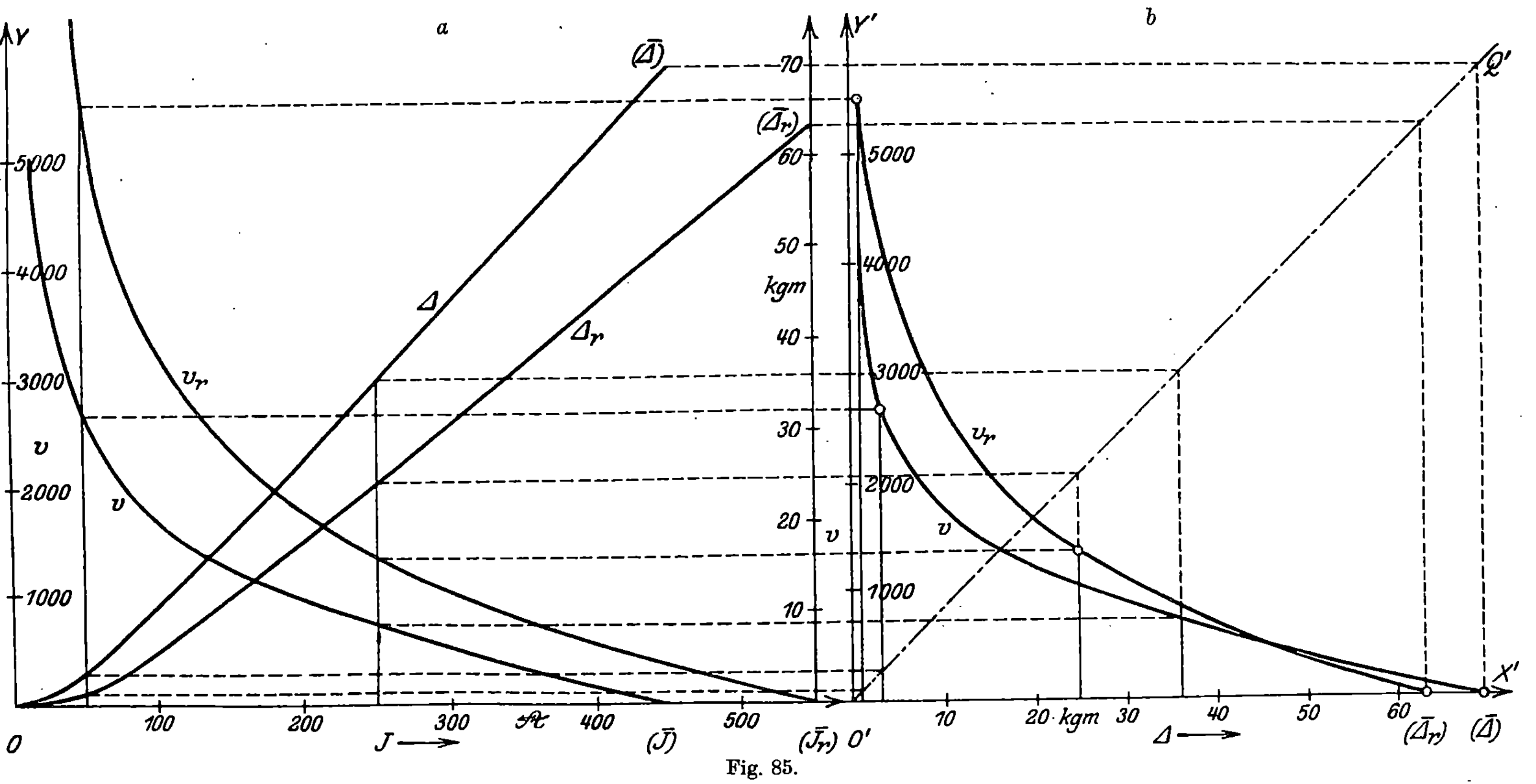

Fig. 85.

Beziehung $\overline{J_r} > \overline{J}$, daß das Stillstehen des Motors mit Regulatorwiderstand bei höherem Strome erfolgt als im Falle des abgeschalteten Regulators.

Den beiden Fällen entsprechen die Drehmomente

$$\varDelta = 0{,}973 \cdot \varepsilon \cdot J$$

$$\varDelta_r = 0{,}973 \cdot \varepsilon_r \cdot J,$$

d. h. es ist, da $\varepsilon_r < \varepsilon$,

$$\varDelta_r < \varDelta$$

für einen bestimmten äußeren Strom das Drehmoment bei Regulatorwiderstand kleiner als dasjenige ohne diesen.

Etwas anders, wenn auch ähnlich, gestaltet sich das Verhalten der Drehzahl, wenn man diese statt auf die Stromstärke auf das Drehmoment als unabhängige Veränderliche bezieht.

Hierzu, sowie auch zu dem soeben Ausgeführten gibt Fig. 85 Aufklärung. Unter 85a sind für J als Abszissen je zwei Kurven für die Drehzahl und das Drehmoment eingetragen. Der Index r bedeutet die betreffende Größe bei eingeschaltetem Regulatorwiderstande. Aus diesen Kurven sind dann in bekannter Weise im Koordinatensystem unter b die Kurven für $v(\varDelta)$ und $v_r(\varDelta)$ abgeleitet. Man erkennt, daß die $v_r(\varDelta)$-Kurve nicht durchweg über derjenigen für $v(\varDelta)$ liegt. Man ersieht vielmehr, daß bei hohen Drehzahlen und kleinen Drehmomenten, wie sie namentlich für den Betrieb in Frage kommen,

$$v_r > v$$

ist, d. h. bei bestimmter Belastung bewirkt hier ein Zuschalten von Regulierwiderstand eine Erhöhung der Drehzahl. Umgekehrt liegt die Sache bei kleinen Drehzahlen und hohen Drehmomenten. Hier wirkt die Erhöhung des Regulierwiderstandes erniedrigend auf die Drehzahl ein. Letzteren Fall pflegt man im Betriebe nicht zu realisieren.

In gleicher Weise kann man zeigen, daß bei eingeschaltetem Regulator eine weitere Verminderung von w_r auf w'_r im gleichen Sinne wirkt, wie der Übergang vom Zustande ohne Regulator ($w_r = \infty$) zu demjenigen bei Einschaltung (w_r) desselben. Der Schnittqunkt der $v(\varDelta)$-Kurven mit der Abszissenachse rückt dabei um so weiter nach links, je kleiner w_r für die Kurve ist.

Damit die Magnetbewicklung bei Verkleinerung von w_r nicht gänzlich stromlos gemacht werden kann, ist der einen Teil von w_r bildende Widerstand w_k (s. Fig. 83) nicht ausschaltbar angeordnet.

3. Der Nebenschlußmotor.

Das Schaltungsschema des Nebenschlußmotors ist in Fig. 86 dargestellt. Die daselbst eingetragenen Bezeichnungen sind im ganzen die nämlichen wie bisher. Für den Nebenschluß bedeutet J_n die Stromstärke, w_n den Widerstand.

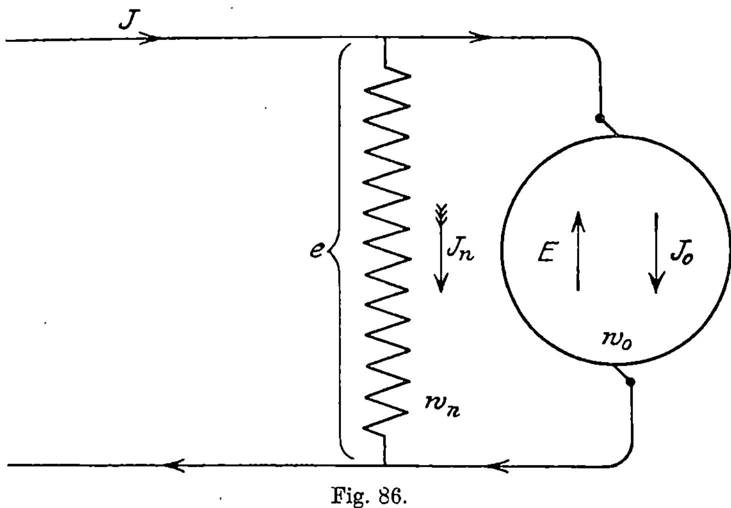

Fig. 86.

Da die Spannung konstant ist, gilt das gleiche für den Nebenstrom und somit auch für den Induktionsfluß $\mathfrak{Z}_0$ im Anker sowie für die elektromotorische Kraft ε bei der Drehzahl Eins. Das Verhalten des Nebenschlußmotors ist infolgedessen von demjenigen des konstant magnetischen Motors wenig verschieden.

Zufolge der Beziehung

$$\varDelta = 0{,}973 \cdot \varepsilon \cdot J_0$$

ist das elektromagnetische Drehmoment der Ankerstärke J_0 proportional, wird also, wie Fig. 87 zeigt, graphisch durch die Gerade $\varDelta$ dargestellt, die vom Punkte O der Abszissenachse aus ansteigt. Die von O aus gerechneten Abszissen stellen den Ankerstrom dar. Bei festgebremstem Motor ist keine EGK vorhanden. Demnach erhalten für diesen Fall J_0 und $\varDelta$ ihre höchsten Werte, die durch $\overline{J_0}$ und $\overline{\varDelta}$ bezeichnet sind.

Trägt man von O aus nach links die Strecke $O\,O_1 \lessgtr J_n$ ab, so stellen die von O_1 aus gerechneten Abszissen $J_0 + J_n = J$ den gesamten von außen zufließenden Strom dar. Ein Wert kleiner als J_n ist für denselben nicht möglich.

Obwohl die $\varDelta\,(J_0)$- bzw. $\varDelta\,(J)$-Gerade den Kurven der früheren Schaltungen sehr ähnlich erscheint, ist dagegen zu beachten, daß

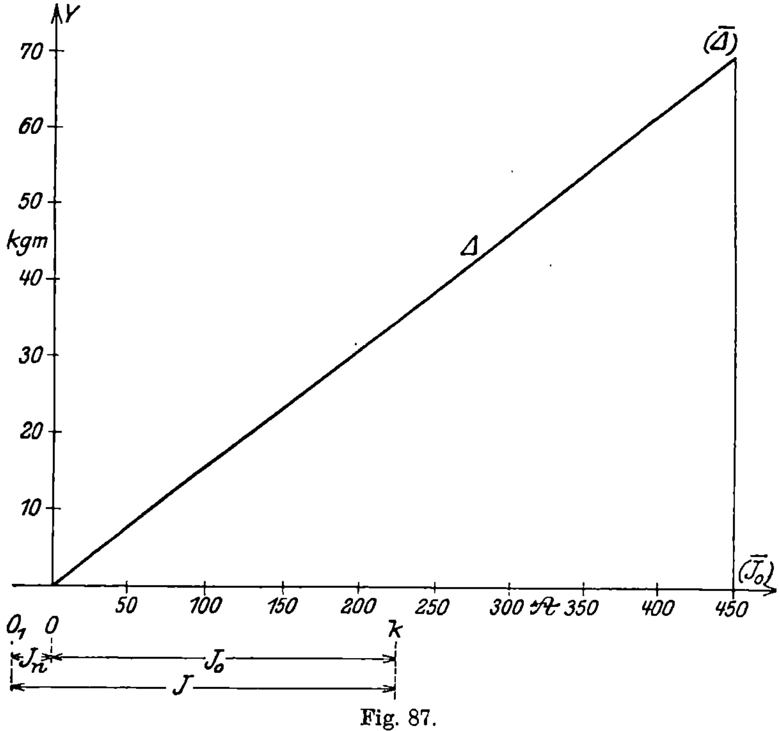

Fig. 87.

beim Nebenschlußmotor die $\Delta(J_0)$-Gerade nur für die eine bestimmt gegebene Spannung e gilt. Denn da in der Gleichung

$$\Delta = 0{,}973 \cdot \varepsilon \cdot J_0$$

der Wert von ε durch J_n, somit durch die Spannung bedingt ist, wird bei Änderung derselben auch Δ geändert, d. h. jeder konstanten Spannung entspricht eine besondere Δ-Gerade.

Das ist bei dem konstant magnetischen und dem Hauptstrommotor nicht der Fall. Eine einzige $\Delta(J_0)$-Kurve gilt hier für jede Spannung.

In Fig. 88 sind wie vorhin von O aus als Abszissen die Werte des Ankerstromes, von O_1 aus diejenigen des äußeren Stromes abgetragen. Die eingezeichneten Geraden beginnen von $J_0 = 0$ aus und enden für $J_0 = \overline{J_0}(J = \overline{J})$.

Parallel zu OX verläuft die Spannungsgrade $m_0 m_1$, während die Gerade Om_1 gegen OX eine solche besitzt, daß $\operatorname{tg}(m_1 OX) \neq w_0$ ist.

Irgendeiner Stromstärke

$$Ok \neq J_0 \quad \text{oder} \quad O_1 k \neq J$$

entspricht $\qquad\qquad kn \neq J_0 w_0$

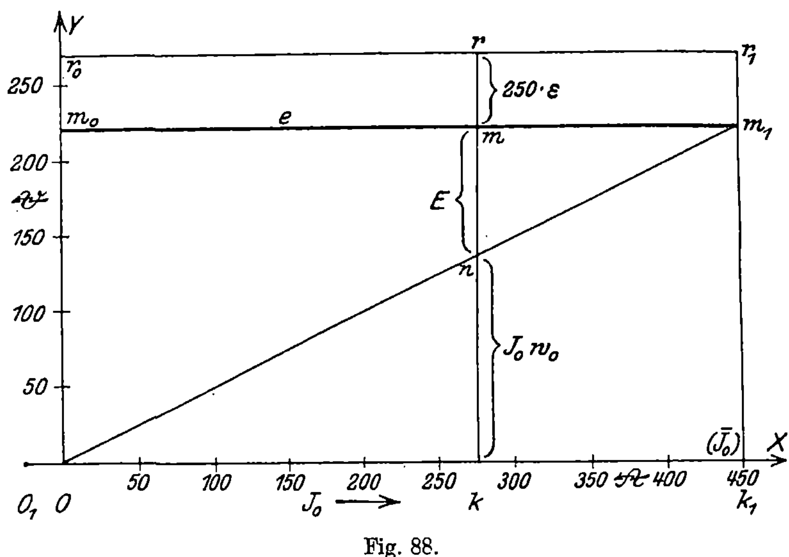

Fig. 88.

als Ordinate von Om_1, die demnach den Spannungsabfall im Anker darstellt. Der Ordinatenabschnitt mn zwischen Om_1 und $m_0 m_1$ liefert offenbar die EGK. Denn es ist

$$mn = km - kn \neq e - J_0 \cdot w_0 = E.$$

Dem Höchstwerte des Ankerstromes $Ok_1 \neq \bar{J_0}$ entspricht die Ordinate $k_1 m_1 \neq \bar{J_0} w_0$, während $E = 0$ ist. In diesem Falle steht der Motor still.

Da die Drehzahl durch Gleichung

$$v = \frac{E}{\varepsilon}$$

gegeben ist, erhält man eine Anschauung über deren Verlauf, indem man in der Figur die zusammengehörigen Werte von E und ε aneinandergrenzend zeichnet. Das ist geschehen dadurch, daß über der Spannungsgeraden parallel zu dieser die Gerade $r_0 r_1$ gezogen ist, so daß der Abstand beider Geraden ein geeignetes Vielfaches von ε, etwa $250 \cdot \varepsilon$, darstellt. Für $Ok \neq J_0$ wäre demnach

$$\frac{mn}{mr} \neq v, \qquad \frac{mn}{\frac{1}{250} \cdot m_r} = v.$$

Es ist ohne weiteres ersichtlich, daß mit zunehmendem J_0 die Drehzahl linear abfallen muß, da das gleiche für E gilt. Hinsichtlich der graphischen Darstellung kann ohne weiteres auf Fig. 75a S. 92 für den konstant magnetischen Motor verwiesen werden, wenn die dort von O aus gerechneten Abszissen als den Ankerstrom darstellend aufgefaßt werden.

Die mechanische Charakteristik $v(\varDelta)$ muß ebenfalls als Gerade gegen die Abszissenachse abfallen. Auch hier kann einfach auf Fig. 75b und deren Ableitung aus 75a verwiesen werden.

Der Abfall der Drehzahl mit zunehmendem J_0 ist ein sehr schwacher. Um das in einer Figur deutlicher als in 75 zum Ausdruck zu bringen, müßte dieselbe sehr groß oder nur teilweise gezeichnet oder die Einheitslänge für die Drehzahlen sehr klein genommen werden. In Rücksicht auf Buchformat und Anschaulichkeit ist das unterlassen worden. Der schwache Abfall der Drehzahl ergibt sich leicht durch folgende Überlegung. Zufolge der Gleichung

$$v = \frac{E}{\varepsilon} = \frac{e - J_0 \cdot w_0}{\varepsilon}$$

ist der Drehzahlabfall für 1 A gegeben durch

$$\frac{dv}{dJ_0} = -\frac{w_0}{\varepsilon}.$$

Der Höchstwert der Drehzahl für $J_0 = 0$ stellt sich dar durch

$$\overline{v} = \frac{e}{\varepsilon}.$$

Folglich ist die mittlere Drehzahl

$$\frac{1}{2}\overline{v} = \frac{1}{2} \cdot \frac{e}{\varepsilon}.$$

Der Abfall der Drehzahl für 1 A in Teilen der mittleren Drehzahl ist somit

$$\frac{dv/dJ_0}{\frac{1}{2}\overline{v}} = -2 \cdot \frac{w_0}{e},$$

also sehr klein, da in Wirklichkeit w_0 gegen e sehr klein ist.

Bekanntlich ist diese Eigenschaft des Nebenschlußmotors, bei Änderungen des Stromes und der Belastung die Drehzahl nur wenig zu ändern, für dessen Verwendung von größter Bedeutung.

In Fig. 89 ist die totale Leistung

$$P_t = e \cdot J = e \cdot J_0 + e \cdot J_n$$

und die vom Anker umgesetzte

$$P_a = E \cdot J_0 = (e - J_0 \cdot w_0) J_0$$

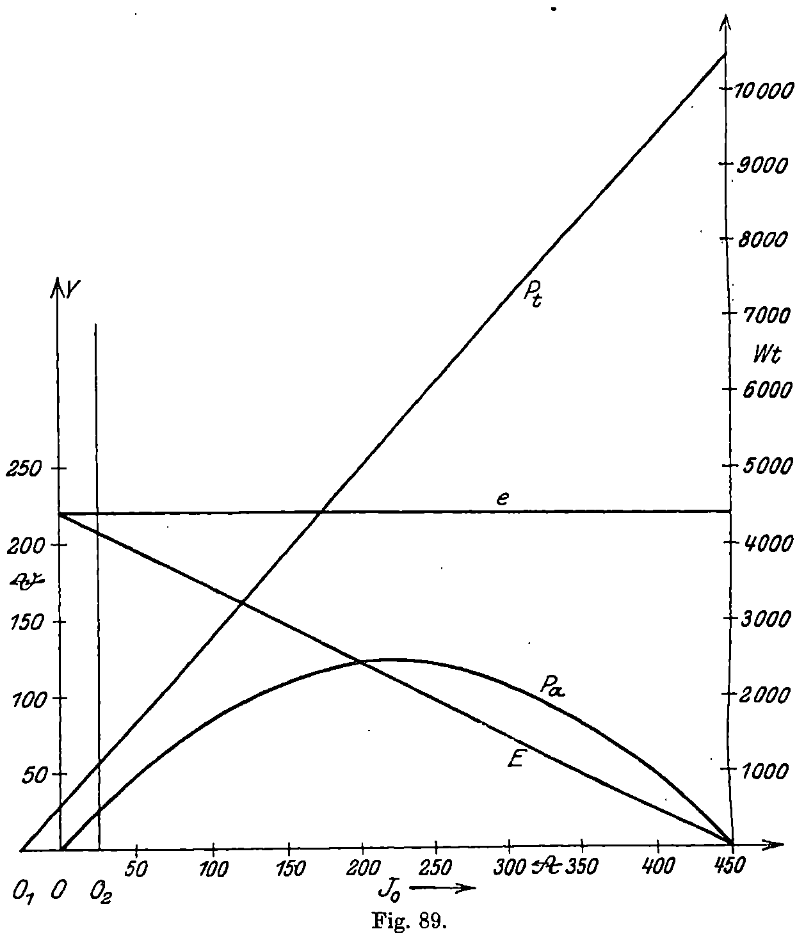

Fig. 89.

dargestellt. Erstere ist gegeben durch eine ansteigende Gerade,
letztere durch eine Parabel mit Maximum, deren Maximalordinate
die Kurven in zwei symmetrische Hälften teilt. Die Kurventangente
an die P_a-Kurve in O ist dabei parallel der P_t-Geraden, da für
$J_0 = 0$

$$\frac{dP_t}{dJ_0} = e = \frac{dP_a}{dJ_0}$$

ist. Die beiden Linien für P_t und P_a haben erst von OY an Bedeutung, d. h. der kleinste Abszissenwert von O oder O_1 an gerechnet
ist $J = 0$ oder $J = J_n$. In Wirklichkeit ist auch das für den Betrieb nicht ganz zutreffend, da das Vorhandensein der Leerlaufsleistung bewirkt, daß J_0 nicht wirklich Null werden, sondern nur

bis zu einem kleinsten Werte $J_0' \gtrless O\,O_2$ herabsinken kann. Der Fall $P_a = 0$, $J_0 = 0$ kann daher nicht eintreten.

Hinsichtlich der konstruktiven Ableitung der Leistungslinien kann auf die zu Fig. 76 S. 93 gemachten Bemerkungen verwiesen werden.

Von diesen unterscheidet sich Fig. 89 dadurch, daß hier, da J_0 und J verschieden sind, die P_t- und P_a-Kurve nicht denselben Punkt der Abszissenachse gemeinsam haben. Infolge dieses Umstandes fällt die η_e-Kurve wesentlich anders aus als die η_e-Gerade in Fig. 77.

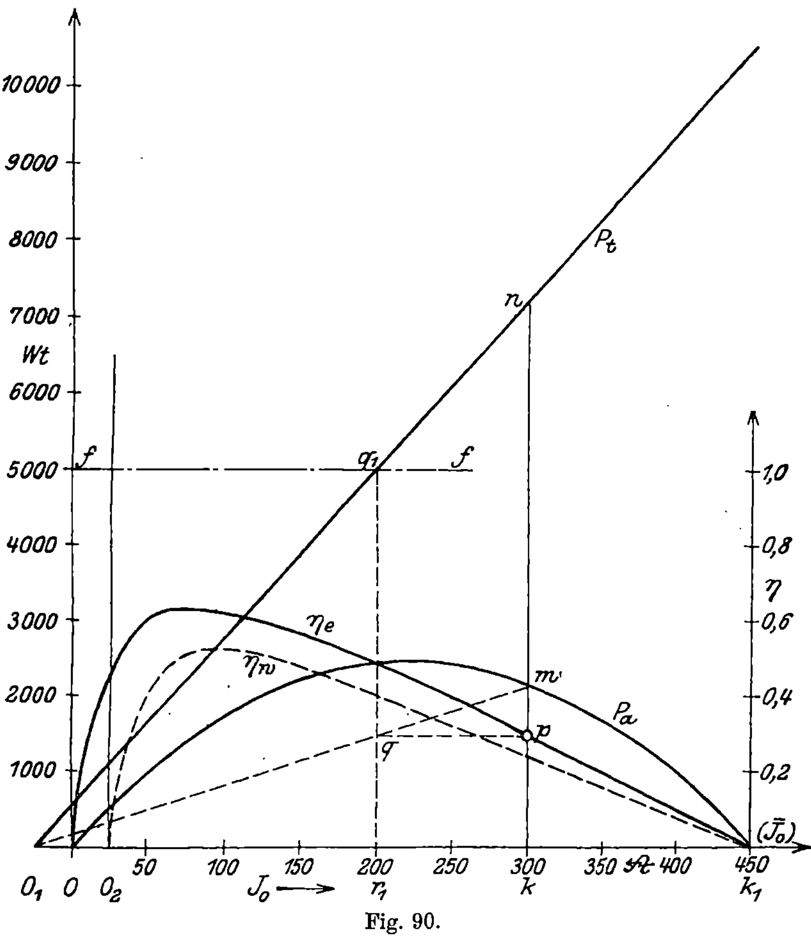

Fig. 90.

In Fig. 90 ist die Kurve für den elektrischen Wirkungsgrad

$$\eta_e = \frac{P_a}{P_t}$$

zeichnerisch aus der P_a- und P_t-Linie abgeleitet.

Es sei die Gerade ff parallel OX im Abstande ϱ cm gleich der Einheit für η_e gezogen. Dieselbe schneide die P_t-Gerade im Punkte q_1, dem die Ordinate $q_1 r_1$ entspreche.

$$\text{Zu} \qquad\qquad O\,k \gtreqless J_0$$

$$\text{mögen die Werte} \qquad\qquad k\,m \gtreqless P_a$$

$$k\,n \gtreqless P_t$$

gehören. Das entsprechende η_e findet sich dann folgendermaßen.

Man zieht die Gerade $O\,m$, welche $q_1 r_1$ in q schneidet, und projiziert q in p auf die Ordinate $k\,m$. Dann ist

$$k\,p \gtreqless \eta_e.$$

$$\text{Denn} \qquad\qquad \frac{q\,r_1}{k\,m} = \frac{q_1\,r_1}{k\,n}$$

$$\frac{q\,r_1}{\varrho_1 \cdot P_a} = \frac{\varrho}{\varrho_1 \cdot P_t},$$

wenn ϱ_1 cm die Maßeinheit für die Leistung bedeutet, also 1 Wt darstellt.

Folglich ist

$$q\,r_1 = k\,p = \varrho \cdot \frac{P_a}{P_t} = \varrho \cdot \eta_e,$$

d. h. $q\,r_1$ im Maßstabe ϱ gemessen stellt η_e dar.

Die Konstruktion sonstiger Punkte führt auf die eingezeichnete $\eta_e(J_0)$- bzw. $\eta_e(J)$-Kurve. Dieselbe verläuft unter konkaver Krümmung gegen OX zwischen O und k_1. Es ist somit

$$\eta_e = 0 \quad \text{für} \quad J_0 = 0 \quad \text{oder} \quad J = J_n$$

$$\text{und für} \quad J_0 = \overline{J_0} \quad \text{oder} \quad J = \overline{J} + J_n.$$

In Wirklichkeit kommt wegen der Leerlaufsleistung das kleine Kurvenstück, welches zwischen O und O_2 liegt, für den Betrieb nicht in Betracht. Auch den Fall, der den Endteilen der Kurve bei k_1 entspricht, wird man (ohne Anlaßwiderstand) wegen der damit verbundenen Gefahr für den Motor nicht realisieren.

Die Kurve besitzt ein Maximum, das gegen das Maximum von P_a auf einen kleineren Abszissenwert verschoben ist. Durch die Maximalordinate wird die η_e-Kurve nicht wie diejenige für P_a in symmetrische Teile zerlegt.

Die Kurve für den wirtschaftlichen Wirkungsgrad η_w verläuft ähnlich wie die $\eta_e(J_0)$-Kurve, liegt aber naturgemäß unter der letzteren, wie die gestrichelte Kurve andeutet. Sie beginnt in O_2 und endigt in k_1.

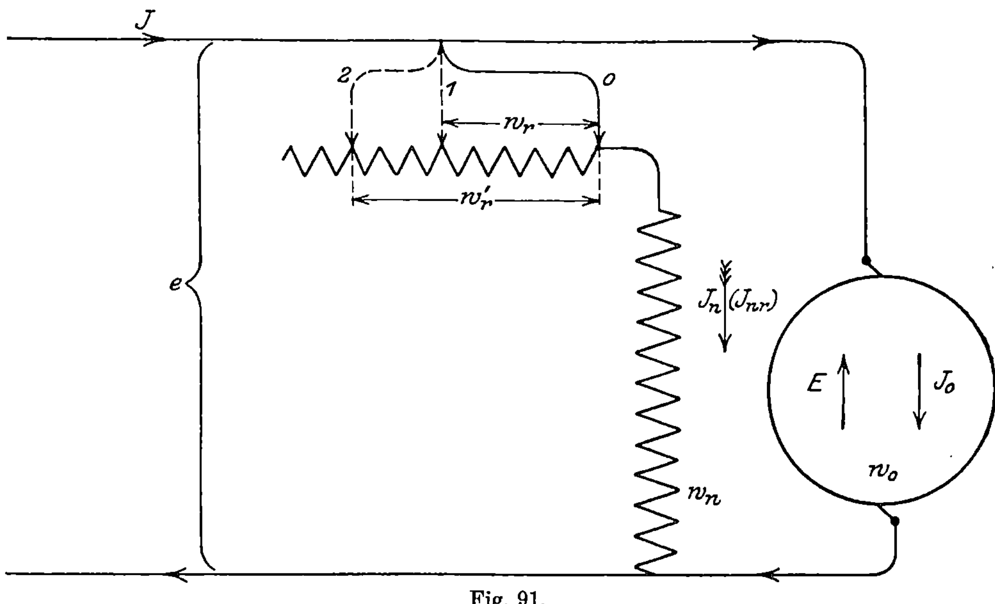

Fig. 91.

Der Nebenschlußregulator. Die wenig veränderliche Drehzahl kann neben der selbsttätigen noch eine besondere Regulierung durch den Nebenschlußregulator erfahren. Mittels desselben kann die Drehzahl geändert sowie auch anderseits bei Belastungsänderungen der Konstanz noch näher gebracht werden, als dies durch den Motor schon allein geschieht. Der Regulator besteht aus einem veränderlichen Widerstande, der im Nebenschluß mit der Magnetbewicklung in Reihenschaltung liegt (s. Fig. 91). Wird durch Zuschalten von Widerstand der gesamte Nebenschlußwiderstand erhöht, dann hat das unter Voraussetzung des nämlichen Ankerstromes eine Erhöhung der Drehzahl zur Folge und umgekehrt. Bezieht man statt auf den Ankerstrom die Drehzahl auf das Drehmoment, so tritt durch Zuschalten von Widerstand für ein bestimmtes Drehmoment (konstante Belastung einschließlich der durch die Verluste bedingten) bei höherer Drehzahl eine Erhöhung, bei niederer eine Herabsetzung derselben und umgekehrt ein.

Betrachtet man das Drehmoment als unabhängige Veränderliche, so kann auch bei zunehmender Belastung durch Zuschalten von Widerstand die Drehzahl praktisch konstant gehalten werden in einer Betriebsregion mit relativ großer Drehzahl und kleinem Drehmoment. Bei kleiner Drehzahl und großem Drehmoment dagegen läßt sich durch Zuschalten von Widerstand das Drehmoment bei konstanter Drehzahl herabseten. Fast immer wird nur die erste Art der Regulierung bei großer Geschwindigkeit in Frage kommen.

8*

Die Verhältnisse mögen durch einige Zeichnungen erläutert werden. Fig. 92 a und b gibt zunächst dieselbe Darstellung wie Fig. 85, hier mit den Charakteristiken $v(J_0)$ und $v(\varDelta)$ entsprechend dem Falle, daß der Nebenschlußwiderstand w_n nur durch die Magnetbewicklung gebildet wird. Erhöht man denselben nun durch Zuschalten von Regulierwiderstand auf $w_n + w_r$, dann sinkt der Nebenschlußstrom

$$J_n = \frac{e}{w_n} \quad \text{auf} \quad J_{nr} = \frac{e}{w_n + w_r} \quad \text{und} \quad \varepsilon \text{ auf } \varepsilon_r.$$

Da der Ankerstrom in beiden Fällen durch die von O_1 aus gerechnete Abszisse dargestellt wird, ist im zweiten Falle der Gesamtstrom statt von O von O_r aus zu rechnen, wenn $O_r O_1$ den Strom J_{nr} bedeutet. Wegen der Abnahme des Induktionsflusses tritt bei zugeschaltetem w_r nunmehr die Größe $\varepsilon_r < \varepsilon$ an Stelle von ε. Bei geänderter Schaltung ist für ein bestimmtes J_0 gleiche elektromotorische Kraft $e - J_0 w_0 = E$ vorhanden. Somit ist das Drehmoment

$$\varDelta_r = 0{,}973 \cdot \varepsilon_r \cdot J_0 < \varDelta$$

und die Drehzahl

$$v_r = \frac{E}{\varepsilon_r} > v.$$

Offenbar muß sich Drehmoment und Drehzahl linear mit der Ankerstromstärke ändern. Die entsprechenden Geraden enden auch hier mit dem Höchstwerte $J_0 = \overline{J_0} = \dfrac{e}{w_0}$. Für diesen hat $\varDelta$ und $\varDelta_r$ als Ordinate den größten Wert $\overline{\varDelta}$ und $\overline{\varDelta}_r < \overline{\varDelta}$, während v und v_r Null wird.

Fig. 92 stellt unter a die betreffenden Geraden dar, die zum Ausdruck bringen, daß beim Zuschalten von Widerstand im Nebenschluß bei bestimmtem Ankerstrom $\varDelta$ auf $\varDelta_r$ sinkt und v auf v_r ansteigt. Außer den Geraden für $\varDelta_r$ und v_r sind der Anschaulichkeit wegen für eine zweite Widerstandsstufe w_r' noch die mit $\varDelta_r'$ und v_r' bezeichneten Geraden eingetragen. In 92 b sind die Geraden verzeichnet, welche die Drehzahlen v, v_r, v_r' als Funktion von $\varDelta$ darstellen. Die Konstruktion ist die nämliche wie die in Fig. 85. Doch genügt hier, da es sich um gerade Linien handelt, die Konstruktion von je zwei Punkten

$$\varDelta = 0, \quad v = \overline{v} \quad \text{und} \quad \varDelta = \overline{\varDelta}, \quad v = 0$$

$$\varDelta = 0, \quad v = \overline{v}_r \quad \text{und} \quad \varDelta = \overline{\varDelta}_r, \quad v_r = 0$$

$$\cdot \ \cdot \ \cdot \ \cdot \ \cdot \ \cdot \ \cdot \ \cdot \ \cdot \ \cdot \ \cdot \ \cdot \ \cdot \ \cdot$$

Man erkennt, daß der Verlauf der geraden Linien für die mechanische Charakteristik unter 92 b mit dem vorhin Ausgeführten übereinstimmt. Es stelle $O'k \neq \varDelta$ irgendeinen Wert des Drehmomentes

a
b
Y
(v̄_r')
3600
3200
(v̄_r)
2800
2400
(v̄)
2000
v
v_r'
v_r
Δ
Δ_r
Δ_r'
v
1600
1200
800
400
O O_r O₁
50
100
150
J₀
200
250
300 R 350
400 (J₀)
Y'
(v̄_r')
3600
3200
(v̄_r)
70 2800
(Δ)
(Δ_r)
60 2400
(Δ_r')
(v̄)
kgm v
50 2000
40 1600
30 1200
20 800
10 400
O'
s
n
m
v_r'
v_r
s₂
n₂
v
m₁
n₁
s₁
(Δ)
10
k
20
30
k₂ k₃
40 kgm 50
Δ
60
k₁
70
Q'
Der Nebenschlußmotor.
117

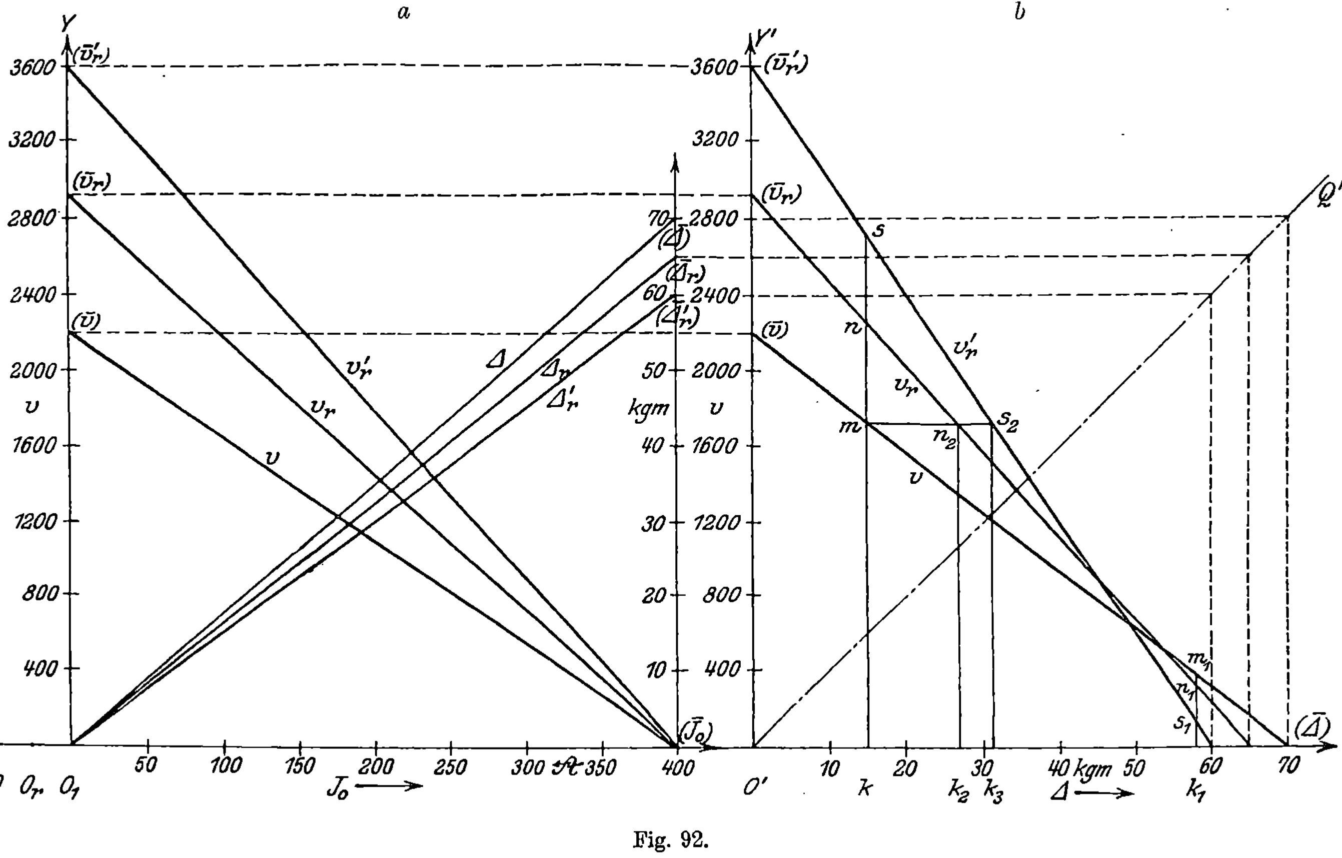

Fig. 92.

dar, das klein gegen $\overline{\Delta}$ ist, und $k\,m \neq v$ die entsprechende Drehzahl ohne zugeschalteten Regulatorwiderstand. Bei Einschalten eines solchen hat man auf die neue Charakteristik für v_r überzugehen, und man ersieht, daß die zu $O'k$ gehörige Ordinate $k\,n > k\,m$, also bei gleichem Δ eine Erhöhung der Drehzahl eingetreten ist. Bei weiterem Zuschalten kommt man auf die Gerade für v_r' und die abermals vergrößerte Ordinate $k\,s > k\,n$. Wächst bei der Zuschaltung infolge Zunahme der passiven Widerstände das Drehmoment auf $O'k_2 \neq \Delta_r$ oder $O'k_3 \neq \Delta_r'$, dann kann die Drehzahl bei passender Regulierung, d. h. passender Wahl der Geraden $v_r(\Delta)$, $v_r'(\Delta) \dots$ ganz konstant auf $k_2\,n_2 = k_3\,s_2 = k\,m$ gehalten werden.

Bei relativ hohen Werten von Δ und kleinen von v kehren sich die Verhältnisse um. Denn die Figur läßt erkennen, daß für ein bestimmtes $\Delta \neq O'k_1$, dem $v \neq k_1\,m_1$ entspreche, bei Vergrößerung des Widerstandes im Nebenflusse

$$v_r \neq k_1\,n_1 < k_1\,m_1$$
$$v_r' \neq k_1\,s_1 < k_1\,n_1$$

wird.

4. Die verschiedenen Drehmomente und der stationäre Zustand eines Motors.

Die im vorhergehenden mit Δ bezeichnete Größe stellt das gesamte Drehmoment dar, welches ein beliebiger Motor liefert. Dasselbe kann in zwei Teile zerlegt werden. Der eine derselben Δ_n ist das nützliche oder Nutz-Drehmoment, welches die Nutzarbeit verrichtet, der andere stellt das Drehmoment Δ_v dar, welches die auf die Verluste entfallende Arbeit liefert. Diese besteht in der Überwindung der gegenwirkenden passiven Drehmomente, die durch mechanische Wirkungen und Wirkungen durch Vorgänge im Eisen entstehen (s. S. 19).

Das auf die Verluste entfallende Drehmoment mag als Verlustdrehmoment Δ_v bezeichnet werden, während die häufig gebrauchte Benennung „Leerlaufsdrehmoment" Δ_l auf den besonderen Fall beschränkt bleibe, in welchem der Motor leer, d. h. ohne Lieferung von Nutzarbeit rotiert. Offenbar ist

$$\Delta = \Delta_n + \Delta_v$$
$$\Delta_n = \Delta - \Delta_v.$$

Für das Verhalten des Motors ist neben der bisher betrachteten mechanischen Charakteristik, bezogen auf das gesamte Drehmoment, von Bedeutung diejenige, bezogen auf das Nutzdrehmoment. Man kann letztere aus ersterer dadurch ableiten, daß man die Δ-Abszissen um $\varDelta_v$ verkleinert, vorausgesetzt, daß $\varDelta_v$ als gegeben anzusehen ist. Dabei ist zu berücksichtigen, daß $\varDelta_v$ von der Drehzahl und dem magnetischen Zustande des Ankereisens abhängt. Jedenfalls muß hiernach die $v(\varDelta_n)$-Kurve unter derjenigen für $v(\varDelta)$ liegen. Doch ist der Unterschied beider Kurven kein bedeutender, da bei einem guten Motor für mittlere Belastung $\varDelta_v$ gegen diese klein und für andere Belastungen nicht sehr erheblich veränderlich ist.

Da bei konstantem Magnetismus eine Änderung von $\varDelta_v$ nur durch eine solche der Drehzahl bedingt ist, gestaltet sich bei dem konstant magnetischen und dem Nebenschluß-Motor die geometrische Ableitung der $v(\varDelta_n)$-Kurve aus derjenigen für $v(\varDelta)$ einfach. Man kann hier mit genügender Annäherung setzen

$$\varDelta_v = c + c_1 \cdot v.$$

In der Gleichung entspricht die Konstante c den mechanischen und Hysterese-Verlusten, c_1 denjenigen durch Wirbelströme. Die Ermittlung beider kann mit Sicherheit nur durch besondere Versuche erfolgen.

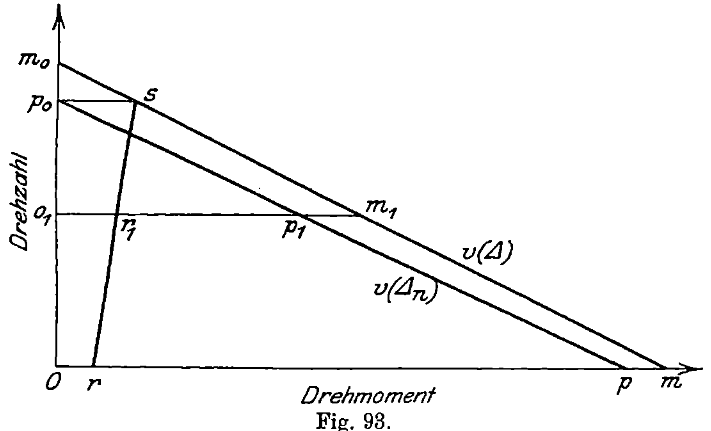

Fig. 93.

In Fig. 93 stellt die Gerade $m_0 m$ die mechanische Charakteristik mit dem gesamten Drehmoment als Abszisse dar, während zu der Geraden rs als Ordinaten die Drehzahlen, als Abszissen die Verlustdrehmomente gehören. Für irgendeinen Punkt m_1 der ersteren ist

$$o_1 m_1 \neq \varDelta$$

$$o_1 r_1 \neq \varDelta_v$$

$$r_1 m_1 \neq \varDelta_n.$$

Macht man somit $m_1 p_1 = o_1 r_1$, dann ist p_1 ein Punkt der zu zeichnenden $v(\varDelta_n)$-Kurve, die, wie ersichtlich, eine gerade Linie $p_0 p$

sein muß. Dieselbe wird hiernach durch Rückscherung und Ver-
schiebung nach links um die Strecke Or erhalten. Letztere stellt
das Verlustdrehmoment bei stillstehendem Motor dar. Die Strecke
$p_0 s$ entspricht dem Leerlaufsdrehmoment.

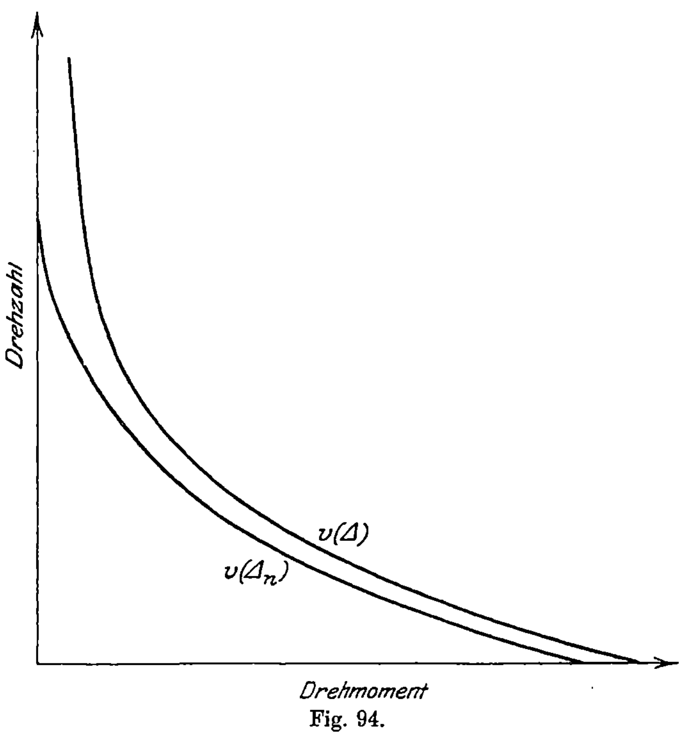

Fig. 94.

Beim Hauptstrommotor liegt die $v(\Delta_n)$-Kurve ebenfalls nahe
unter derjenigen für $v(\Delta)$, s. Fig. 94. Doch ist hier die Verzeichnung
der $v(\Delta_v)$-Kurve weniger einfach, da in diesem Falle Δ_v außer durch
die Drehzahl auch durch den magnetischen Sättigungsgrad des Eisens
bedingt ist.

Der stationäre oder dynamische Gleichgewichtszustand eines
Motors ist vorhanden, wenn bei bestimmter Belastung die Drehzahl
konstant bleibt. Da in diesem Falle die von dem gesamten aktiven
Drehmomente verrichtete Leistung gleich ist der Leistung, welche
unter Gegenwirkung der passiven Drehmomente in andere Formen
umgesetzt wird, so muß das gesamte aktive Drehmoment dem passiven gleich sein. Bezeichnet man daher durch δ mit entsprechendem
Index die einzelnen passiven Drehmomente, dann ist bei stationärem
Zustande

$$\varDelta = \delta$$

und offenbar auch

$$\varDelta_n + \varDelta_v = \delta_n + \delta_v$$

$$\varDelta_n = \delta_n$$

$$\varDelta_v = \delta_v.$$

Wird nun während des Betriebes das gesamte passive Drehmoment δ durch Belastungsänderung ein anderes $\delta' \lessgtr \delta$, dann ist im Augenblick der Änderung bei der bisherigen Drehzahl v ein beschleunigendes oder verzögerndes Gesamtdrehmoment

$$\varDelta - \delta'$$

oder

$$\delta' - \varDelta$$

vorhanden. Durch Wirkung des ersteren muß die Drehzahl wachsen, durch die des letzteren abfallen. Das bedingt eine Änderung von $\varDelta$, zugleich auch eine solche von δ', da das passive Drehmoment ebenfalls von der Drehzahl abhängig ist. Der damit eintretende veränderliche, d. i. nicht stationäre Zustand muß so lange dauern, bis $\varDelta$ und δ' Werte $\varDelta_1$ und δ_1 angenommen haben, daß die Bedingung

$$\pm(\varDelta_1 - \delta_1) = 0$$

erfüllt, also

$$\varDelta_r = \delta_1$$

geworden ist. Man hat dann einen neuen stationären Zustand, für den die Drehzahl durch v_1 bezeichnet werde.

Wesentlich gleichartige Betrachtungen gelten für den Fall, daß zunächst $\varDelta$ sich ändert (z. B. durch Spannungsänderung) oder auch, daß $\varDelta$ und δ gleichzeitig Änderungen erfahren, durch welche die Bedingung für den anfänglichen stationären Zustand $\varDelta = \delta$ aufgehoben wird.

Für den Betrieb erscheint es erwünscht, daß zufällige kleine Änderungen von $\varDelta$ und δ, die durch nebensächliche Vorgänge veranlaßt sind, einen nur unerheblichen Einfluß auf die Drehzahl ausüben, ferner daß bei größeren Änderungen von $\varDelta$, wie absichtliche Regulierung des Motors, oder Änderung des passiven Widerstandes (z. B. der Steigungsverhältnisse einer Bahn) der neue stationäre Zustand in stetiger Weise erreicht wird. Es ist das folgendermaßen zu verstehen. Denkt man sich den Übergang von $\varDelta = \delta$ zu $\varDelta_1 = \delta_1$ in sehr kleinen Stufen erfolgend, deren jede einem neuen stationären Zustande entspricht, dann soll auch der Übergang von v zu v_1 in kleinen Stufen erfolgen.

Genannte Forderungen werden am vollkommensten erfüllt durch Motoren mit abfallender mechanischer Charakteristik, d. h. die Drehzahl nimmt hier ab bei zunehmendem Drehmomente. Auf derartige Motoren, mit konstannter Spannung .betrieben, bezogen sich die früheren Betrachtungen. Die Bedingung für einen stationären Zustand läßt sich, wie folgt, geometrisch veranschaulichen.

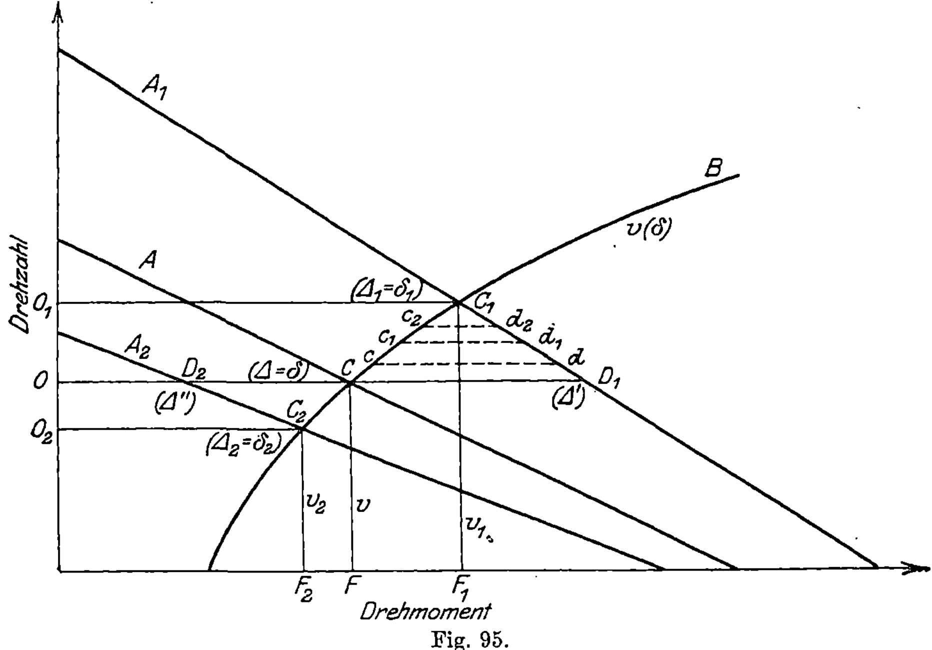

Fig. 95.

In Fig. 95 stellen die Kurve A (als Gerade angenommen) die mechanische Charakteristik, B die Charakteristik des gesamten passiven Widerstandes dar. Das Drehmoment des letzteren nimmt nach einem allgemein nicht zu formulierenden Gesetz mit zunehmender Drehzahl zu, wenn man den Verlauf der Kurve in ihrer ganzen Ausdehnung ins Auge faßt. Allerdings können einzelne Partien der Kurve vorhanden sein, für welche das Umgekehrte stattfindet (Reibung bei Ruhe größer als bei Bewegung). Derartige Erscheinungen sollen hier nicht näher berücksichtigt werden.

Da für den Schnittpunkt C beider Kurven $\Delta = \delta \neq OC$ ist, entspricht derselbe einem stationären Zustande bei der Drehzahl $v \neq FC$. Wird nun durch Regulierung am Motor das aktive Drehmoment auf Δ' erhöht, so entspricht den geänderten elektrischen Verhältnissen die neue höher gelegene mechanische Charakteristik A_1. Im Moment der Änderung tritt ein beschleunigendes Drehmoment

$$\Delta' - \delta \neq OD_1 - OC$$

auf, durch das die Drehzahl erhöht wird. Zufolge des Verlaufs von A_1 und B nimmt gleichzeitig das anfängliche $\Delta' \neq OD_1$ ab, $\delta \neq OC$ zu, bis Δ' den Wert Δ_1, δ die Größe δ_1 angenommen hat, so daß

$$\Delta_1 = \delta_1$$

wird. Diesem neuen stationären Zustande entspricht der Schnittpunkt C_1 beider Kurven mit· der Drehzahl

$$v_1 \neq F_1 C_1.$$

Während des Übergangszustandes ist das in irgendeinem Moment vorhandene aktive und passive Drehmoment dargestellt durch die Abszissen von d und c, d_1 und c_1 usw., wie durch die in dem Zwickel CC_1D_1 gezogenen Parallelen cd, c_1d_1 ... verdeutlicht wird.

Bewirkt man durch die Regulierung im ersten Augenblick eine Herabsetzung von Δ auf Δ'' und bezeichnet A_2 die neue Charakteristik, dann stelle deren Abszisse OD_2 den Wert von Δ'' dar. Das jetzt auftretende verzögernde Drehmoment

$$\delta - \Delta'' \neq OC - OD_2 = CD_2$$

bewirkt eine Abnahme der Drehzahl und damit eine Zunahme von $\Delta'' \neq OD_2$ auf $\Delta_2 \neq O_2C_2$ sowie eine Zunahme von $\delta \neq OC$ auf $\delta_2 \neq O_2C_2$. Ist dabei $v \neq FC$ auf $v_2 \neq F_2C_2$ gesunken, dann entspricht der Schnittpunkt C_2 von A_2 und B dem neuen stationären Zustande.

Analoge Betrachtungen ergeben sich für den Fall, daß das passive Drehmoment sich ändert, während am Motor keine Regulierung vorgenommen wird.

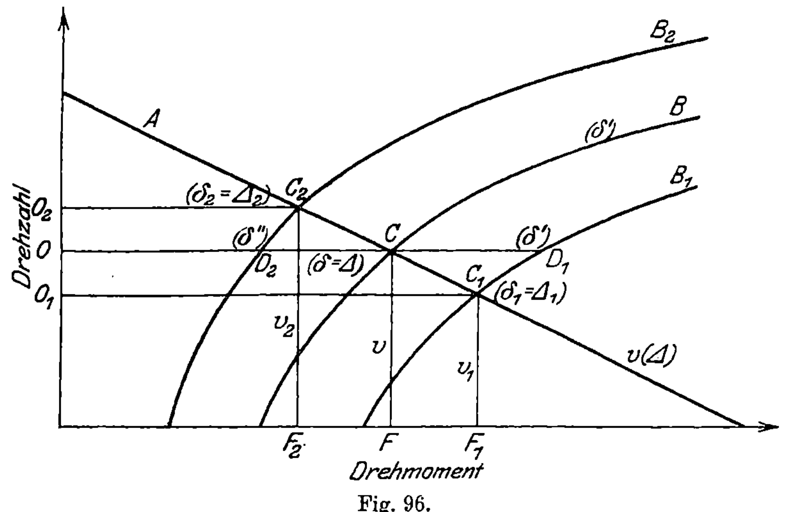

Fig. 96.

In Fig. 96 ist der anfängliche stationäre Zustand $\delta = \varDelta$ durch den Schnittpunkt C der Charakteristiken A und B dargestellt. Einer Erhöhung des passiven Drehmomentes entspreche die Charakteristik B_1. Das im ersten Moment auftretende verzögernde Drehmoment

$$\delta' - \varDelta \neq OD_1 - OC = CD_1$$

läßt die Drehzahl sinken, δ' ab-, $\varDelta$ zunehmen, bis der Schnittpunkt C_1 entsprechend dem neuen stationären Zustande für $\delta_1 = \varDelta_1$ mit der Drehzahl v_1 erreicht ist.

Einem verminderten passiven Widerstande entspreche die Kurve B_2. Das beschleunigende Drehmoment

$$\varDelta - \delta'' \neq OC - OD_2 = CD_2$$

bewirkt ein Anwachsen der Drehzahl, bis

$$\delta_2 = \varDelta_2 \neq O_2 C_2$$

bei der Drehzahl $v_2 \neq F_2 C_2$ erreicht ist.

Im folgendem mag die Frage erörtert werden, wie weit es prinzipiell möglich ist, bei ansteigender mechanischer Charakteristik stationäre Zustände zu erhalten. Bei einer solchen nehmen Drehmoment und Drehzahl gleichzeitig zu oder ab. Da die Betrachtung nur als allgemeiner Wegweiser dienen soll, so werde der Einfachheit wegen angenommen, daß die Charakteristik des aktiven und passiven

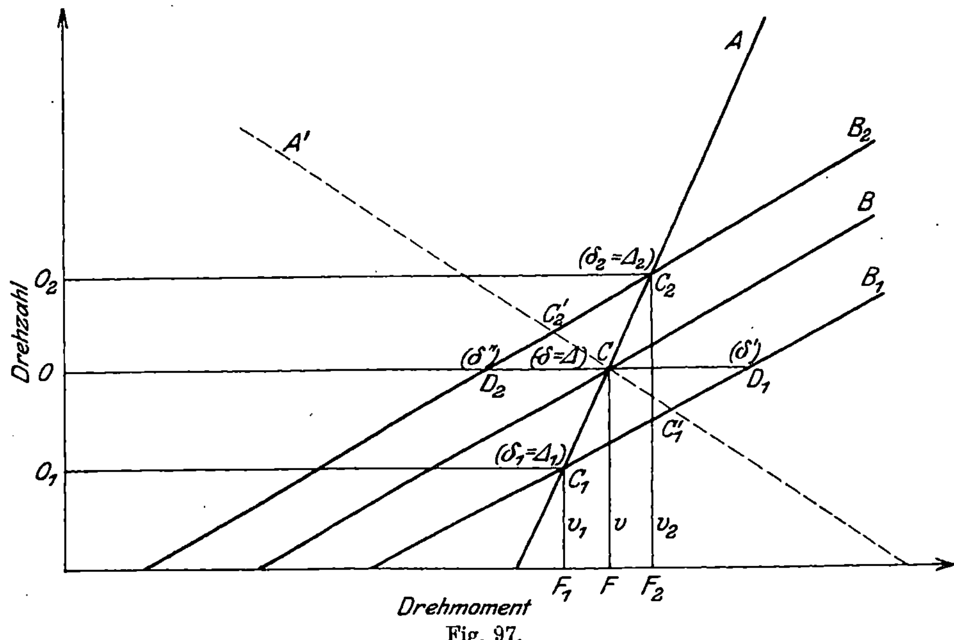

Fig. 97.

Drehmomentes durch je eine gerade Linie dargestellt sei. Die Frage, wie und ob sich ein Anlaufen des Motors vom Stillstande aus erzielen läßt, soll hier nicht näher ins Auge gefaßt werden.

In Fig. 97 stelle die Gerade A die mechanische Charakteristik für das aktive, B diejenige für das passive Drehmoment dar. Es möge A steiler als B ansteigen, d. h. bei wachsender Drehzahl nehme das Drehmoment des passiven Widerstandes stärker zu als das aktive. Da für den Schnittpunkt C die Beziehung

$$\delta = A \gtrless OC$$

gilt, stellt derselbe einen dynamischen Gleichgewichtszustand bei der Drehzahl $v \gtrless FC$ dar. Wächst nun δ auf δ' und bezeichnet B_1 die neue Charakteristik, dann tritt im Moment der Änderung ein verzögerndes Gesamtdrehmoment $\delta' - A$ auf. Die Drehzahl muß sinken und demzufolge auch δ' und A. Dieser nicht stationäre Zustand wird so lange dauern, bis δ' auf δ_1, A auf A_1, v auf v_1 gefallen und dabei $\delta_1 = A_1 \gtrless O_1 C_1$ geworden ist. Dem entspreche der Schnittpunkt C_1, der einen neuen stationären Zustand darstellt. Einer Abnahme von δ auf $\delta'' \gtrless OD_2$ entspreche die neue Charakteristik B_2. Das zunächst auftretende beschleunigende Drehmoment $A - \delta''$ erhöht die Drehzahl, und der Motor strebt dem neuen stationären Zustande C_2 zu, der für $\delta_2 = A_2 \gtrless O_2 C_2$ und $v_2 \gtrless F_2 C_2$ erreicht wird.

Man erkennt leicht, daß die betrachteten Übergangsprozesse umkehrbar sind. Denn geht man vom stationären Zustande C_1 oder C_2 (Fig. 97) aus und tritt durch Änderung des passiven Widerstandes an Stelle von B_1 oder B_2 wieder die Charakteristik B, dann zeigen Überlegungen, gleichartig den soeben angestellten, daß der Motor selbsttätig zum Zustande C zurückkehren muß. Letzterer kann daher als ein stabil-dynamischer Zustand bezeichnet werden. Daß ein solcher bei abfallender mechanischer Charakteristik stets vorhanden ist, bedarf keiner näheren Erläuterung.

Eine ansteigende mechanische Charakteristik kann hiernach unter Umständen ebenfalls auf stationäre Zustände führen. Jedoch treten bei dieser größere Änderungen der Drehzahl ein als unter sonst gleichen Verhältnissen bei einer abfallenden Charakteristik. Denn stellt die durch C ziehende gestrichelte Gerade A' (Fig. 97) eine abfallende Charakteristik dar, dann gelangt man bei gleicher Änderung des passiven Widerstandes wie oben von C auf die stationären Zustände entsprechend C_1' oder C_2'. Beiden Punkten entspricht aber eine Drehzahländerung, die geringer ist als diejenige beim Übergange von C zu C_1 oder C_2.

Bei ansteigender Charakteristik vollziehen sich, wie Fig. 97 erkennen läßt, die Übergänge von einem zum anderen stationären

Zustande derart, daß dabei die Veränderlichen, Drehmoment und Drehzahl, beide entweder ab- oder zunehmen. Dem entspricht bei abnehmenden Werten eine Herabsetzung der Leistung. Das Umgekehrte gilt für den Fall, daß Drehmoment und Drehzahl zunehmen. Die so entstehenden Schwankungen des Leistungswertes sind erheblich größer als bei abfallender Charakteristik, da bei letzterer durch Belastungsänderungen Drehmoment und Drehzahl im entgegengesetzten Sinne beeinflußt werden.

Genanntes Verhalten eines Motors mit ansteigender Charakteristik wird für die meisten Fälle der Praxis nicht erwünscht sein, muß also im ganzen als ein Mangel bezeichnet werden, so daß man auf die Benutzung einer ansteigenden Charakteristik im allgemeinen verzichtet.

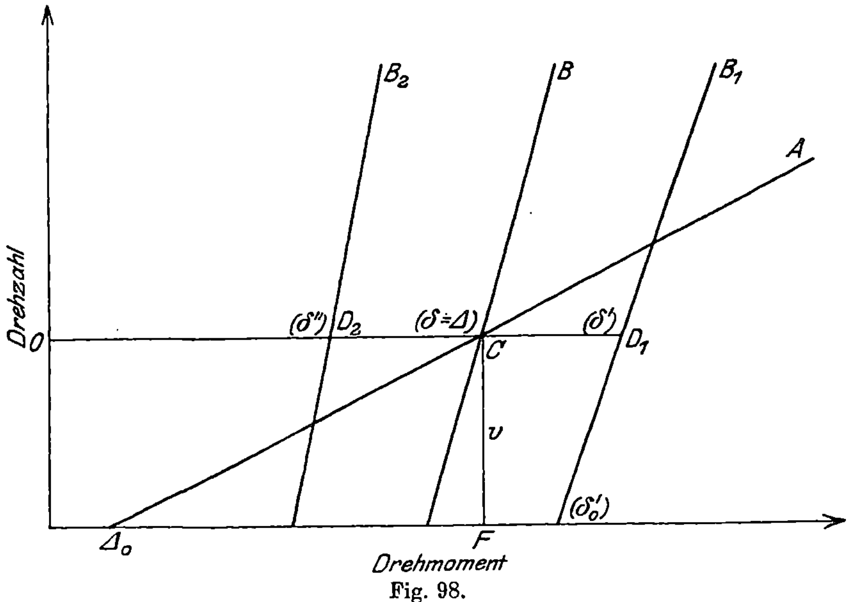

Fig. 98.

Wesentlich anders liegen die Verhältnisse, wenn die Charakteristik für das aktive Drehmoment langsamer als diejenige für das passive ansteigt. Der Fall ist in Fig. 98 dargestellt. Dem Schnittpunkt C von A und B entspricht ein dynamischer Gleichgewichtszustand, falls genau $\delta = \varDelta \neq OC$ ist. Nimmt nun δ auf $\delta' \neq OD_1$ zu und bezeichnet B_1 die neue Charakteristik, dann muß das verzögernde Drehmoment $\delta' - \varDelta \neq CD_1$ ein Sinken der Drehzahl bewirken. Dieses Sinken führt aber auf keinen neuen Schnittpunkt zwischen A und B_1. Die Drehzahl fällt auf Null, wobei das aktive Drehmoment gleich $\varDelta_0$, das passive gleich $\delta_0' > \varDelta_0$ wird.

Wird beim Zustande C das passive Drehmoment auf $\delta'' \neq OD_2$

verkleinert, dann tritt das beschleunigende Drehmoment $\varDelta - \delta'' \neq CD_2$ auf, und die Drehzahl muß zunehmen. Bei dieser Zunahme wird aber zwischen $\varDelta$ und der neuen Charakteristik B_2 ebenfalls kein Schnittpunkt erhalten, und der Motor würde durchgehen, falls die mechanische Charakteristik $\varDelta$ ins Unbegenzte als beständig ansteigende Gerade oder Kurve weiter fortliefe. Das findet bei keinem wirklichen Motor statt. Aber man erkennt aus den vorstehenden Betrachtungen, daß man es hier bei Herstellung eines stationären Zustandes mit einem labil-dynamischen Zustande zu tun hat. Denn selbst die geringste Änderung des passiven Drehmomentes bewirkt, daß die Drehzahl auf Null abfällt, oder daß dieselbe eine mindestens sehr bedeutende Steigerung erfährt. Außerdem kann dieser Vorgang nicht rückgängig gemacht werden. Läßt man nach erfolgter Änderung das passive Drehmoment wieder einen Wert entsprechend der Geraden B annehmen, dann kann der Motor nicht selbsttätig zum Zustande C zurückkehren. Der Fall ist somit für die Praxis unbrauchbar.

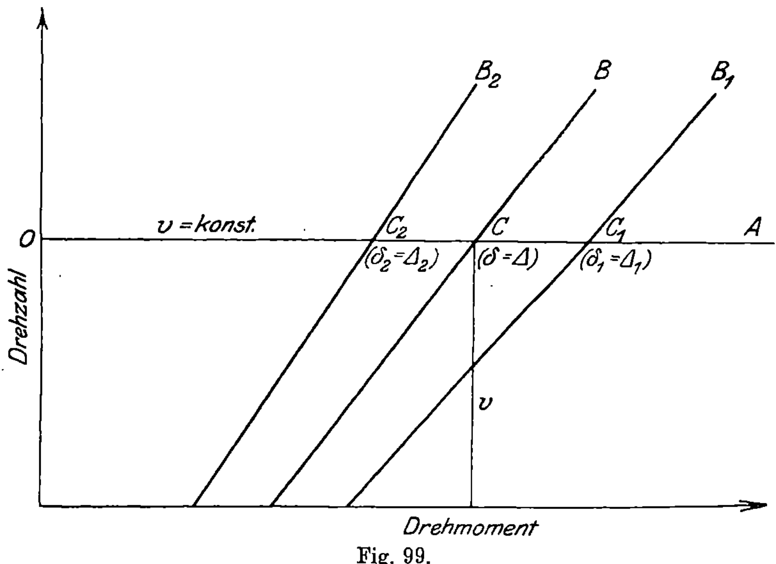

Fig. 99.

Reguliert sich ein Motor selbsttätig auf konstante Drehzahl, wie das nahezu für den Nebenschlußmotor bei konstanter Spannung der Fall ist, dann muß sich stets ein stabil-dynamischer stationärer Zustand herstellen. Denn ist für $\delta = \varDelta$ entsprechend C, s. Fig. 99, ein stationärer Zustand vorhanden, und wächst δ auf δ_1, dann tritt im Moment der Änderung das verzögernde Drehmoment $\delta_1 - \varDelta$ auf, das die Drehzahl und δ_1 vorübergehend herabsetzt. Die selbsttätige Regulierung des Motors bewirkt aber unmittelbar darauf durch erhöhte Energieaufnahme eine Zunahme des aktiven Drehmomentes und ein Wideranwachsen der Drehzahl. Dieses dauert so lange, bis das verzögernde Drehmoment bei der Drehzahl v verschwunden ist. Dem entspricht der Punkt C_1, für den die Bedingung $\delta_1 = \Delta_1$ eintritt. Entsprechende Überlegungen gelten bei abnehmendem passiven Drehmoment für den Übergang vom Zustande C zu C_2.

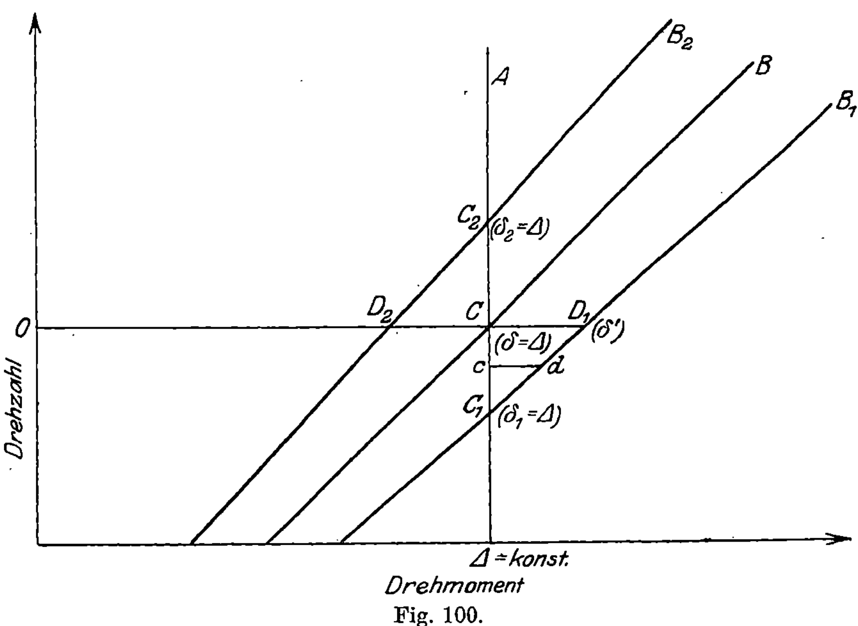

Fig. 100.

Wird ein Hauptstrommotor mit konstant bleibendem Strome betrieben, dann ist, abgesehen von Ankerrückwirkung und sonstigen Nebeneinflüssen, das aktive Drehmoment konstant unabhängig von der Drehzahl (System Thury). Die mechanische Charakteristik A, s. Fig. 100, ist hier eine parallel zur Ordinatenachse verlaufende Gerade. Der Motor befinde sich im stationären Zustande für C für $\delta = \Delta \neq OC$. Wächst δ auf $\delta' \neq OD_1$, dann bewirkt das auftretende verzögernde Drehmoment $\delta' - \Delta \neq CD_1$ einen Abfall der Drehzahl. Während desselben rücken die miteinander korrespondierenden Punkte c und d für den jeweiligen nicht stationären Zustand nach unten, bis sie in C_1 entsprechend dem neuen stationären Zustande zusammenfallen. Gleichzeitig ist die Betrachtung für den Übergang von C nach C_2 bei vermindertem passiven Widerstande.

Die horizontale Charakteristik in Fig. 99 kann als Übergang von einer flach abfallenden zu einer flach ansteigenden Charakteristik angesehen werden. Die vertikale Charakteristik in Fig. 100 darf man Übergang von einer steil abfallenden zu einer steil ansteigenden Charakteristik auffassen.

Bei wirklichen Motoren kommen mechanische Charakteristiken, die nur ansteigen, nicht vor, wohl aber solche, die in ihrem ersten Teile ansteigen und dann rückläufig werden, also in letzterem Aste bei zunehmender Drehzahl ein abnehmendes Drehmoment entwickeln. Es findet solches statt beim Drehstrommotor mit Käfigrotor, wenn der Betrieb bei konstanter Spannung erfolgt. In Fig. 101 ist eine derartige Charakteristik dargestellt.

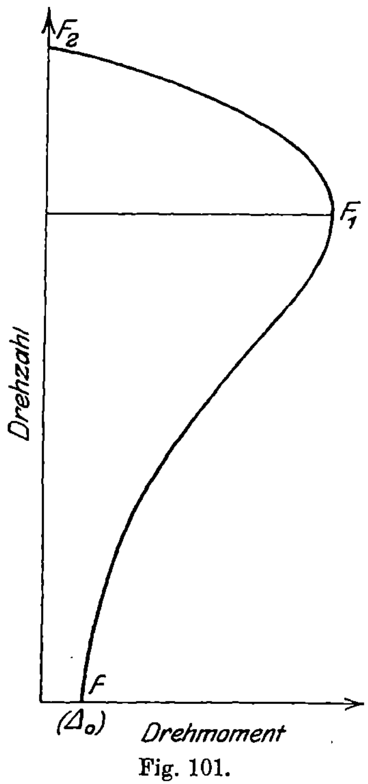

Fig. 101.

Obwohl der ansteigende Ast FF_1 bei geeignetem Verlauf der Kurve für das passive Drehmoment prinzipiell in besonderen Einzelfällen Verwendung finden könnte, wird derselbe in Wirklichkeit zur Herstellung eines stationären Zustandes nicht benutzt. Denn aus früheren Ausführungen geht hervor, daß ein ansteigender Ast gewisse Mängel besitzt, eventuell auch ganz unbrauchbar ist. Zudem ist der durchschnittliche Wirkungsgrad im Aste FF_1 ein zu geringer um einen ökonomischen Betrieb zu ermöglichen. Man benutzt daher nur den Ast $F_2 F_1$, für den wegen der geringen Schlüpfung der Wirkungs-grad sich günstig gestaltet. Da das Anzugsdrehmoment $A_0 \neq OF$ häufig zu klein ist, wird dasselbe, um das Anlaufen einzuleiten, vor-übergehend durch Vergrößerung des Rotorwiderstandes erhöht.

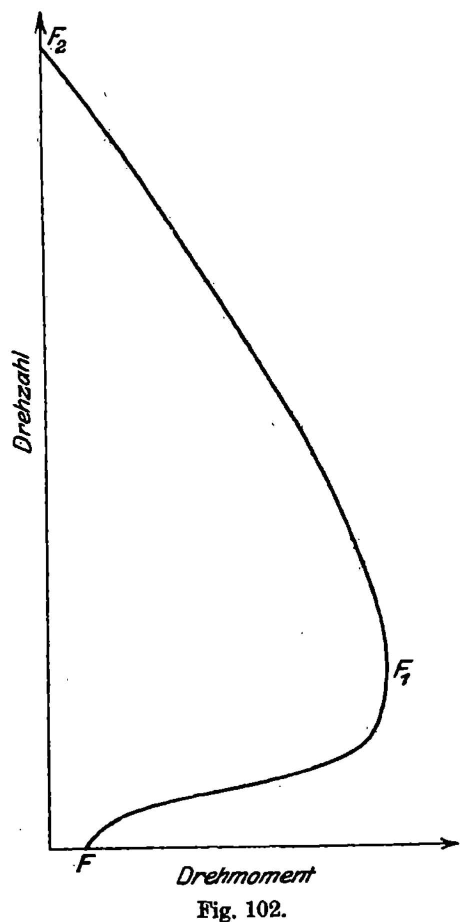

Fig. 102.

Ein Nebenschlußmotor, mit konstantem Strome betrieben, besitzt eine dem Verlauf nach ähnliche Charakteristik (s. Fig. 102) wie der Drehstrommotor, wird aber in der Praxis nicht angewendet. Man verzichtet aus früher genannten Gründen auf die Benutzung des unteren Astes FF_1. Dem oberen Aste $F_2 F_1$ dagegen, der zu statio-nären Zuständen führen kann, entsprechen Drehzahlen, deren Werte über die im Betriebe verlangten hinausgehen.